中国昆虫记 II

▶ ▶▶ 李元胜 唐志远／主编

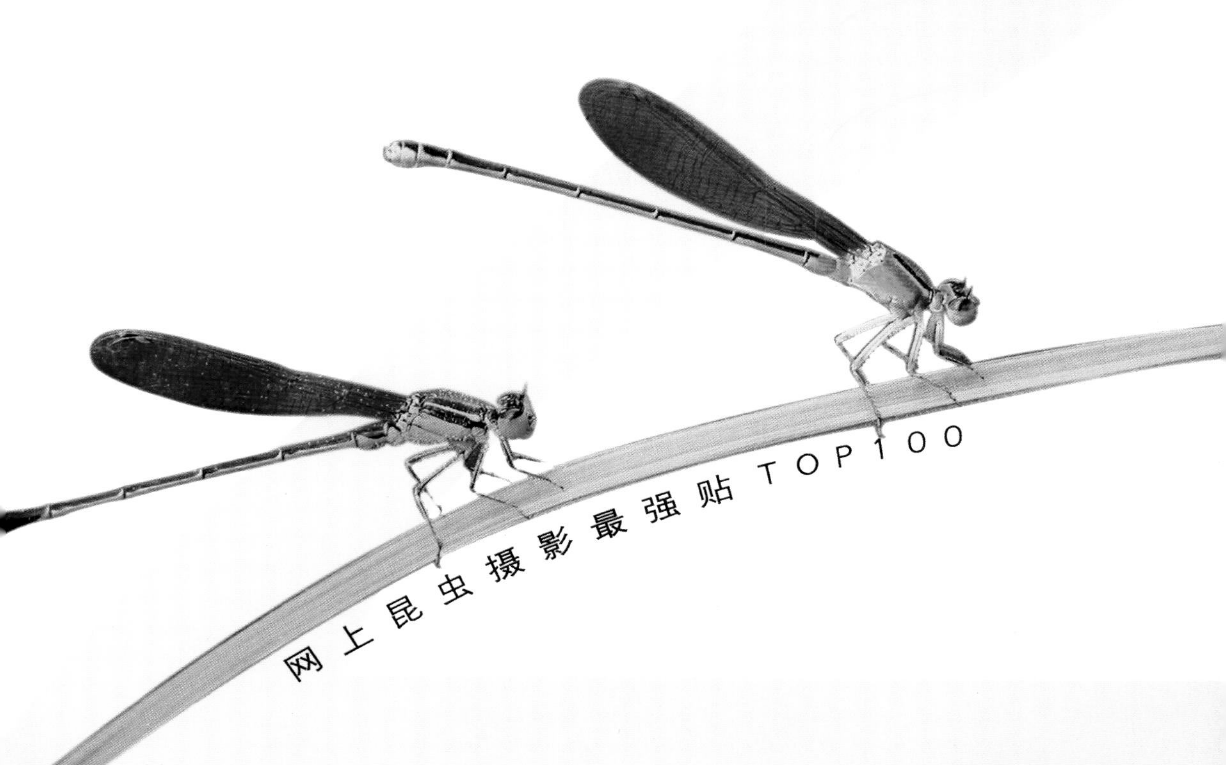

上海社会科学院出版社

目录 CONTENTS

序 视觉的盛宴……1

1 macrobug作品……6

1.美国常见的一种沙漠蝗虫……7
2.刚羽化的峻翅蜡蝉……9
3.一种很普通的蝗虫若虫……10
4.瓢虫……12
5.玩跷跷板的食蚜蝇……12
6.大眼睛、长睫毛的弄蝶……13
7.深秋里寻找配偶的雄性螽斯……15
8.隐藏巧妙的角蝉若虫……16
9.交尾中的灰蝶……17
10.叶蝉……18
11.T字型的羽蛾……19
12.草地中迎接清晨第一缕阳光的蜻蜓……

2 Dreamman作品……20

13.注意！前方有个mm！！……21
14.嘿，来呀！……22
15.刚脱了衣服别拍我！……24
16.春·真的来了……25
17.守护……25
18.谁说天下没有免费的午餐？……27
19.报告老师……28
20.长角蜂……30
21.我生气了……31
22.奇妙的共生……32
23.生命的曲线……32
24.暗藏杀机……34
25清晨的小灰蝶……35
26.螳螂捕蝉……35
27.最上镜的模特——螳螂……37
28.绿的童话……

3 Keven作品……38

29.蟢象……40
30.蜻蜓……41
31.小灰蝶……42
32.蝗虫……

33.心得……43
34.胡蜂……45

4 hd作品

35.蜜蜂……46
36.斑蝶……48

5 racer作品

37.灶马……50
38.黑豹弄蝶……52

6 Vicky作品

39.玉带凤蝶……54
40.灰蝶……56
41.丽眼斑螳……57

7 dake作品

42.斑蝶……58

8 dindindy作品

43.蜂……60
44.蚂蚁的爱情故事……61
45.食蚜蝇……64

9 soul作品

46.龙眼鸡I……66
47.龙眼鸡II……68
48.睡莲豆娘奖杯……70
49.金斑蝶……72

10 gyx2002作品

50.豆娘……74

11 skybug作品

51.玉带凤蝶……76
52.豆娘……78

12 ywjiang作品

53.金蝉……80

目录
CONTENTS

……82

54.对峙……

13 米琪作品……84

55.丽眼螳螂——漂亮妈妈……86

56.蟒象——透明的翡翠……88

57.雨中蟒象……90

58.柑桔凤蝶——大巴山的花姑娘……92

59. 蝴蝶幼虫——卡通宝贝……93

60. 蟒象……

14 集虫儿作品……94

61.黄花蝶角蛉……96

62.完眼蝶角蛉……97

63.李枯叶蝶……99

64.矛斑螅……100

65.白扇螅……101

66.鸣鸣蝉……

15 波仔作品……102

67.弱肉强食……

16 蚁司令作品……104

68叶形多刺蚁……106

69.红树蚁的故事……

17 拉步甲作品……108

70.碧伟蜓……110

71.小豆长喙天蛾……111

72.网蛱蝶……112

73.线灰蝶……113

74.窗蛱蝶……114

75.甘蔗长袖蜡蝉……

18 康特作品……116

76.水中的阿蒂丽娜 ——碧伟蜓……118

77.叶甲……119

78.菜粉蝶……

19 第三目标作品

79.起飞前的寂静……120
80.求偶的竞争……122
81.蜜蜂还是苍蝇?……123
82.舟蛾幼虫……124

20 钱龙卵作品

83.青凤蝶……126

21 云间渔夫作品

84.花间精灵……128

22 小胡蜂作品

85.锹甲……130
86.艾氏施春蜓……132

23 顽石作品

87.偷窥……134

24 李元胜作品

88.瓢虫……136
89.柑桔凤蝶……137
90.萤甲……139
91.可爱的眼睛……140
92.天牛……141
93.象鼻虫……142
94.螽斯若虫……144
95.石蝇……145
96.暮眼蝶……146
97.偷窥的沫蝉……147
98.盾蝽I……148
99.盾蝽II……150
100.猎蝽……151

视觉的盛宴

SHI JUE DE SHENG YAN

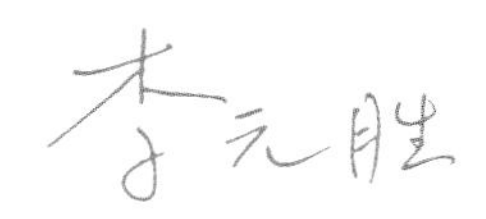

2003 年秋的一个傍晚，在北京一个普通的胡同民居里，我、Dreamman、拉步甲三个昆虫摄影爱好者聚在了一起。虽然是初次见面，但因为在网上交流已久，我们聊得十分尽兴。兴奋之中，我提出，编一本网上昆虫摄影佳作选，这两个年轻的朋友都觉得是个好主意。这便是本书的缘起。

看起来，一次聚会，成了一本书最初的摇篮，缘起是十分偶然的。其实，这起偶然的事件，也是被某种必然的趋势左右着。近年来昆虫摄影活动迅速发展，网上昆虫摄影作品展示引起了越来越多的关注。网友原创作品进入图书界，是迟早的事情。

我个人认为，近年来在华人圈里，随着一批优秀的昆虫摄影师的出现，昆虫摄影已经摆脱以研究为目的的传统昆虫摄影，日渐成为一门独立的可以表现现代人丰富的观念和心境的摄影艺术。这门独立的艺术因为数码相机的普及和进步，已经吸引了越来越多的人参加，给它的发展提供了足够的动力。

本书从一个侧面，为这个观点提供了证据。

华人圈里的昆虫摄影，在过去的几十年里，一直是与昆虫研究关系密切的从业人员的一项工作。它的目的是为了记录、展示拍摄对象的生物属性，为后续的鉴别、研究、教育提供资料。这个目的，决定了这类昆虫摄影，主要是一种说明性的摄影，它们的范本是清晰的活生生的标本，摄影者必须忠于这一职责，多数时候，个人的观念、趣味、心情在拍摄中必须加以限制。

对于其他的摄影家，偶尔也涉足昆虫题材的拍摄，在野外拍摄时，如果有漂亮的昆虫引起他们的兴趣，他们也会兴之所致，发挥自己的专业才能，拍上一些。但他们主要的注意力并不在这上面，所以，虽然他们的昆虫摄影作品，与前面提及的标本风格有明显区别，但是并没有形成足够的规模。

专业的昆虫摄影家，很可能处在零星的各自为阵的活动中，为大众所不知。而业余的昆虫拍摄活动，更是十分罕见。

据我所知，20 世纪 80 年代和 90 年代，也有一些狂热的昆虫摄影爱好者。北京的张巍巍、倪一农就是其中的例子，他们是在追随北京的昆虫学家的原野调查、拍摄活动后，受到影响开始拍摄的。张巍巍的作品，甚至被选入 1990 年英国出版的《中国的自然历史》中。但传统相机昂贵的拍摄成本，限制了他们的发挥和进境。

macrobug 也是这样的早期昆虫拍摄活动的参与者，因为有更好的条件，更因为有更好的天赋，同样使用专业的传统摄影器材的他，逐渐拥有了精彩的技巧和明显的个人风格。作为网上华人圈中最有影响的昆虫摄影家之一，他的摄影把对清晰、生动的细节的追求和夸张、大胆的画面布局结合在一起，昆虫就像是自然界的惟一灵魂一样，被惊心动魄的色彩包围着、簇拥着，有着帝王般的尊贵。欣赏 macrobug 的作品，你能够感觉到他对大自然的敬重和热情。

与传统相机昆虫拍摄队伍的人丁不旺相比，近年来，数码相机迅速催生了一大批昆虫拍摄的高手，也由此带来了网上昆虫摄影作品的繁荣，进而催生了像“绿镜头”这样的以昆虫摄影为主要内容的生态摄影网站。入选本书的主要作者，都来自这个阵营，他们中的多数人在接触数码相机前，并没有经过专业的摄影训练，也不是专业的昆虫研究人员，

▶▶Dreamman 工作照

他们对昆虫之美却有着深厚的兴趣和深切的体验，在网上集结、互相激励后，昆虫摄影成了他们一个重要的生活内容。

Dreamman 是这个阵营中最为耀眼的一位。这位天才少年似的昆虫摄影家，为了昆虫拍摄，放弃了很多东西。他不仅拍摄了大量的令人惊叹的佳作，还与拉步甲等朋友一起，相继创建了“北京昆虫网”这样的专业昆虫摄影网站，鼓励了很多有相同爱好的朋友在这条路上更有兴趣地走下去。我非常欣赏 Dreamman 的另一个原因，是他拍摄的作品里，有一种迷人的特质——昆虫世界微妙、严谨的秩序在他的镜头里，始终得到精确的呈现。我们不仅能在他的作品中看到昆虫的最难得、最迷人的瞬间画面，我们还能在这些经典的画面中，隐隐感觉到许多小生命的开始和结局，它们像一些潜伏的线条一样，纠结在画面中，慢慢地感动着我们。

除了 Dreamman，还有很多优秀的拍摄者都是我喜欢

▶▶米琪工作照

的，比如soul、第三目标、dindindy、Keven、skybug、米琪、Vicky，甚至包括因通讯原因未能选编进本书的shaopo等等，研究他们各自的特点，一直是我的乐趣之一。第三目标、dindindy、Keven的共同特点是探幽入微、精雕细刻，有非常强的表现细节的技艺；skybug的作品传递出拍摄者的机敏和趣味；soul、米琪、Vicky则是坚定的唯美主义者，美成为她们拍摄时最为关注的因素。当然，在这三位女摄影者中，Vicky的风格相对现实、硬朗；而soul作品，体现出十分难得的精巧心思；米琪的作品，则强调对气氛的渲染，有一种奇特的虚幻感。

这些作者分布在大陆、香港、台湾、美国等地，各地不同种类的昆虫都成了他们表现自己才华的题材。

华人圈昆虫拍摄艺术的迅速发展，也对昆虫研究的从业者产生影响，刺激他们不拘一格，摆脱标本照的套路，在有可能时充分展现自己的想象力，开始注重作品的艺术性。本书收录了集虫儿、拉步甲、小胡蜂等人的作品，从中可

▶▶李元胜工作照

以看出，他们在注重展现昆虫的生物属性的同时，也兼顾了拍摄者的感受。许多作品是精彩而富有灵气的。

为了及时展现华人圈昆虫摄影的进程，我与另一位选编者，以“绿镜头”等网站为主要选稿基地，前后历时近半年，终于完成选编计划。至此，本书基本收录了我们在网上所能找到的最好的华人昆虫摄影作品，称得上是一次视觉的盛宴。由于部分网上作品无法联络到作者，也由于印刷的要求（许多作品不能提供出较大的原图只好放弃），我们不得不割舍了许多精彩之作，这是需要特别说明的。

还需要说明的是，我们说服了负责版式设计的美术编辑，使这些摄影作品不为活跃版式而作任何修改，以充分保证它们的完整性，这样，有利于同时表现出昆虫们真实、丰富的生活环境。另外，尽管我们筛选作品时，要求了原创者提供拍摄参数，但毕竟很多人是以娱乐为主的业余拍摄，没有记录参数的经验，使得部分作品缺失这方面的信息，希望能得到读者的体谅。

1 marcobug作品

marcobug，本名周欣，男，现居美国。

（选自“绿镜头”）

美国常见的一种沙漠蝗虫

它们大多生活在干旱的沙地上，颜色因环境而略有差异。保护色极其出色，身体颜色与地面几乎完全一致，革翅和腿上的黑色斑纹成功地掩蔽了身体的形状（因为很多鸟类靠识别昆虫的形状来发现猎物）。它们在没有被惊动的时候总是纹丝不动地趴在地上，直到你快踩到它们的时候，它们才会骤然飞起。起飞的瞬间张开颜色鲜艳的黄或淡红色的后翅，并发出很响的“啪达啪达”的声音。正当你的注意力被这些突然出现的信息吸引住的时候，它们却紧接着收起后翅，停止飞行，落向地面。这种瞬间的强烈视觉和听觉反差使人或者天敌很容易失去目标，不知所从。

拍摄器材
机身 Nikon F801S
镜头 Nikkor AIS200/f4
闪光灯 Nikon SB24
胶片 Kodak Ektachrome E100SW 反转片

蝗虫其实是非常好的摄影模特，了解了它们的习性，拍摄者只要缓慢靠

近主体，避免骤然惊扰。由于蝗虫通常紧贴地面，使用闪光灯拍摄很容易均匀照亮整个画面。惟一要注意的是，由于背景地面是大面积的浅色，拍摄时通常需要增加2/3 至1 档曝光。

刚羽化的峻翅蜡蝉

这个科的昆虫大多分布在西半球，尽管在美国随处可见，但在中国却没有分布。右下方的“外星生物”是末龄若虫刚刚退下的皮，也就是昆虫的外骨骼，事实上它们的若虫就是这种样子，更加奇怪的是若虫的尾部能够分泌一种类似蜡的物质，在尾部形成一个像孔雀尾巴一样的蜡冠。目前尚不清楚其功用，猜测可能是若虫的一种御敌手段。蜡蝉与我们熟知的蝉是近亲，都属于不完全变态的昆虫，在它们的一生中没有蛹这个阶段，若虫和成虫生活在相近的环境中，食性也近似。在这最后一次蜕皮过程中，峻翅蜡蝉完成了

从丑小鸭到天鹅的转变，从此肩负起繁衍后代的重大责任。这只小小的昆虫身上发生的惊天动地的变化就是在小路边一张毫不起眼的叶子背面完成的。

拍摄器材
机身 Nikon F801S
镜头 Nikkor AIS200/f4
胶片 Fuji RVP 反转片

一种很普通的蝗虫若虫

拍摄于一个阳光明媚的清晨，草地上的露水还没有退去，这个小家伙爬到草头来晒太阳，暖暖身体，准备开始一天的重要任务——取食。昆虫在拍摄过程中纹丝不动，惟一的技术难题是时断时续的微风。

拍摄器材
机身 Nikon F801S
镜头 Nikkor AIS200/f4
胶片 Fuji RVP 反转片

瓢虫

瓢虫是我们再熟悉不过的昆虫了，连小朋友都知道瓢虫是吃害虫的。虽然不完全正确，但是在大家心中，瓢虫几乎是总与益虫画等号的。

瓢虫在美国也是家喻户晓，是为数不多的受欢迎的昆虫种类之一。很多人认为瓢虫代表“幸运”，民间甚至有一种说法，认为杀死一只瓢虫会遭到罚款的惩罚。瓢虫原本并不是美洲本地种类，它们被引入美国是美国人在生物防治领域的一次（很可能是第一次）重大胜利。20 世纪初，加州的柑桔业遭受了严重的害虫袭击，蚜虫、粉蚧使得农场主束手无策。在屡遭失败后，大家坐在一起决定从澳洲引进一种食虫的小昆虫碰碰运气，这种昆虫就是瓢虫。瓢虫的引进获得了空前的成功，瓢虫从此不仅落户于美洲，更成为美国人心目中的英雄。大量的瓢虫图案、装饰出现在生活中。痛恨蟑螂的人们突然爱上了昆虫。不过瓢虫的这种神圣地位也许为时不久了，2003 年以来从亚洲引进的瓢虫种类开始向北方大量扩散，它们在南非的越冬场所是枯叶、树缝等等，但在北方，它们为躲避寒冷的气候，大批进入居民住所。也许成群的昆虫终究不讨人喜爱，美国人终于开始抱怨了。希望它们未来能有好的运气。

图上这只瓢虫与我们常见的七星瓢虫不属于一个属，身体更接近椭圆型。这张照片摄于美国 Arizona 沙漠地带的公路旁。一个炎热的旅程，同伴停车在路旁维修，我不失时机地架起相机拍了几张，只有这张比较满意。尽管使用了 1/250 的高速度，我仍然尽量使用三脚架，对于我来说，使用三脚架是成功的一半。

玩跷跷板的食蚜蝇

食蚜蝇是昆虫世界中著名的骗子，它们披着黄蜂的外衣，但却没有厉害的毒针，实际上它们没有任何抵抗能力。

拍摄器材
机身 Nikon F801S
镜头 Nikkor AIS200/f4
胶片 Fuji RVP 反转片

大眼睛、长睫毛的弄蝶

和拍摄人像一样，拍摄昆虫的时候也应该尽量把眼睛的细节表现出来，这样才能抓住昆虫的神态，照片也会更有活力。

拍摄器材
机身 Nikon F801S
镜头 Nikkor AIS200/f4
胶片 Fuji RVP 反转片

深秋里寻找配偶的雄性螽斯

秋天是螽斯交配的季节，交尾后，雌性随后产下卵，以卵的形式越冬，来年开春的时候就会孵化出下一代的生命。这是一只雄性的成虫，腹部背板上有显明的红、黄色斑。雄虫的前翅下方具有发音器，秋天是它们独奏的季节，雄虫靠鸣叫来吸引雌虫。雌虫的特征很明显，尾部托着一个马刀形的产卵器，背板上也没有鲜艳的色彩。秋天的草丛中到处都是成双成对的螽斯，这是一个孕育生命的季节。

这种昆虫比想象中容易拍摄，这只螽斯的这个姿势保持了很长时间，除了触角偶尔晃动几下，基本上比较配合。使用慢速闪光补偿，使昆虫身体上的细节更加清晰。由于螽斯的体壁比较光滑，反射明显，所以要避免用过强的闪光。

拍摄器材
机身 Nikon F801S
镜头 Nikkor AIS 200/f4
闪光灯 Nikon SB24
胶片 Fuji RVP 反转片

隐藏巧妙的角蝉若虫

昆虫背部夸张的棘突、绿色的体色以及红色的斑纹是对寄主植物绝妙的拟态。更有趣的是，如果你观察它们停留的位置就会发现：这些若虫只呆在和它们长得像的叶片基部那个位置。而它们的成虫拥有刺状棘突，只呆在茎刺的位置。在同一种植物上，同一种昆虫的不同生活阶段竟然如此精确地划分出各自的生态位，大自然是一个多么神奇的世界！

拍摄器材
机身 Nikon F4S
镜头 Nikkor AIS200/f4
胶片 Fuji RVP 反转片

交尾中的灰蝶

我在游览亚利桑那沙漠植物园的蜂鸟园时偶然发现了这对情侣，于是在它们身上花费了几乎整卷的胶片。由于它们停留的位置极为别扭，我开始只能用手持相机，但是因为景深极浅，手持拍摄的全部报废。幸好它们后来稍微变换了一下角度（大概是被我的诚心打动了），让我得以在长凳上架上三脚架。即便如此，在几十张当中满意的也寥寥无几。拍完这对蝴蝶，我已是满身大汗。

拍摄器材
机身 Nikon F801S
镜头 Nikkor AIS 200/f4
闪光灯 Nikon SB24
胶片 Fuji RVP 反转片

灰蝶是一个科，种类繁多，是最美丽的蝴蝶类群之一。它们体形纤细，大多数常见种类的翅展都在 2 厘米以下。但是很多种类拥有极其精致的花纹，不少种类的雄性翅的背面还具有炫目的金属光泽，有些还有修长的尾突。可惜的是，大多数人无法从擦身而过的小虫身上体会到它们的美丽。而这也恰恰是微距摄影的魅力所在。

叶蝉

标准的美国新英格兰地区秋天的红叶，点缀上一只小小的昆虫就非常完美了。叶蝉是非常常见的一种昆虫，靠吸食植物的汁液为食，大量发生时会造成危害。叶蝉和我们熟知的蝉和蚜虫是近亲，属于同翅目昆虫。

由于昆虫与背景在一个平面上，这种情况下用闪光灯作为完全光源就不会过于不自然，而且可以获得大景深和高速度，拍摄当时不断有微风干扰，足以考验拍摄者的耐心。

拍摄器材
机身 Nikon F801S
镜头 Nikkor AF105/f2.8D
胶片 Fuji RVP 反转片

T 字型的羽蛾

其实是很常见的一种小蛾类。形态特征非常独特，停落的时候翅与身体成标准的直角，后翅经常成碎片状。这只羽蛾的后翅像一只羽扇。昆虫悬伏在叶面下过夜。拍摄时几乎没有风，惟一的难度是如何把胶片面与昆虫的翅调成平行，做起来要比想象中难度大得多。

拍摄器材
机身 Nikon F4S
镜头 Nikkor AIS200/f4
胶片 Fuji RVP 反转片

草地中迎接清晨第一缕阳光的蜻蜓

由于草地的背景比较杂乱，所以拍摄时使用了比较大的光圈 f5.6。从某个角度来讲，蜻蜓是比较难拍的昆虫，因为你很难把所有的细节特征都放在一个平面内。

拍摄器材
机身 Nikon F4S
镜头 Nikkor AIS200/f4
胶片 Fuji RVP 反转片

Dreamman 作品

Dreamman，本名唐志远，男，现居北京。

（选自“绿镜头”、“北京昆虫网”）

注意！前方有个mm！！

这是姬蜂的求偶场面。 这个“飞”的场面相对前几次的“飞”来说还比较容易拍摄，因为你有足够的时间。这些雄蜂都有着锲而不舍的精神，可能是强烈的求偶本能在起作用，它们几乎无视我的存在，我可以趴在距离它们很近的地方从容地拍摄（烂泥地里）。当时光线非常好，甚至有些刺眼，我选择用evf取景，避免外界光线的干扰。对焦点就确定在枝头上的雌蜂身上，对好焦后半按快门将镜头向左平移，给悬飞的雄蜂留下充足的空间，注意构图以及最大焦平面和背景的选择。剩下要做的就是仔细地观察，你会发现，它们的悬飞都是有规律的，隔10多秒就冲到雌蜂身边一次，然后散开、聚集，再次的冲刺。找到了规律，想拍到这样的画面就不难了。

拍摄参数
器材：Fujifilm FinePix S602
光圈 F2.8
快门 1/1000s
感光度 ISO160

起初看到的时候也许并不会在意，就

是很多小虫在乱飞。你不妨静下心来仔细的观察，运用你的奇思妙想。片子的题目是我在拍摄前就想好的。 其实很多时候我们都有机会拍到有趣的照片，就看你是否能把握住。一只最普通的蝗虫，我拍了上百次，如果它所处的环境适合我拍摄，它愿意让我接近，我一定不会拒绝。

嘿， 来呀！

下山的路上偶得的片片。已经下山走到景区的出口处，发现了这只落在路边水泥墩上想心事的胡蜂，看起来非常不起眼，人工修砌的水泥墩似乎也不太适合拍摄。好在道路两旁种植着绿油油的松树，低角度拍摄应该可以有不错的效果，于是开始行动。先从稍远的距离拍摄一张侧面的，水泥墩也得到了很好的虚化效果，背景也比较干净。下边就加上老花镜片，尝试拍摄胡蜂的头部特写。近一点，再近一点，最后我干脆把镜头搭在了水泥墩的边缘。胡蜂似乎有所察觉，它猛地抬起身体，然后张开前足摆出攻击的姿态，我尽

量动作轻缓地对焦，按动快门，记录下这个精彩的瞬间。然后我继续一动不动地等待，等待胡蜂平静下来，果然，它看我不再动作，很快就停止了攻击的动作，居然开始悠闲地清理身体，动作极其夸张，我自然是在一边“偷偷摸摸”按动快门，心里大呼过瘾。

拍摄参数
器材：Fujifilm FinePix S602
光圈 F2.8
快门 1/210s
感光度 ISO160

刚脱了衣服别拍我！

无意中在草丛中找到了这条刚刚蜕完皮的金凤蝶幼虫，此时幼虫进入末年龄，下一次蜕变就会化蛹成蝶了。拍到这样的场面全靠运气的眷顾，因为蜕完皮的幼虫很快就会吃掉它的“旧衣服”。

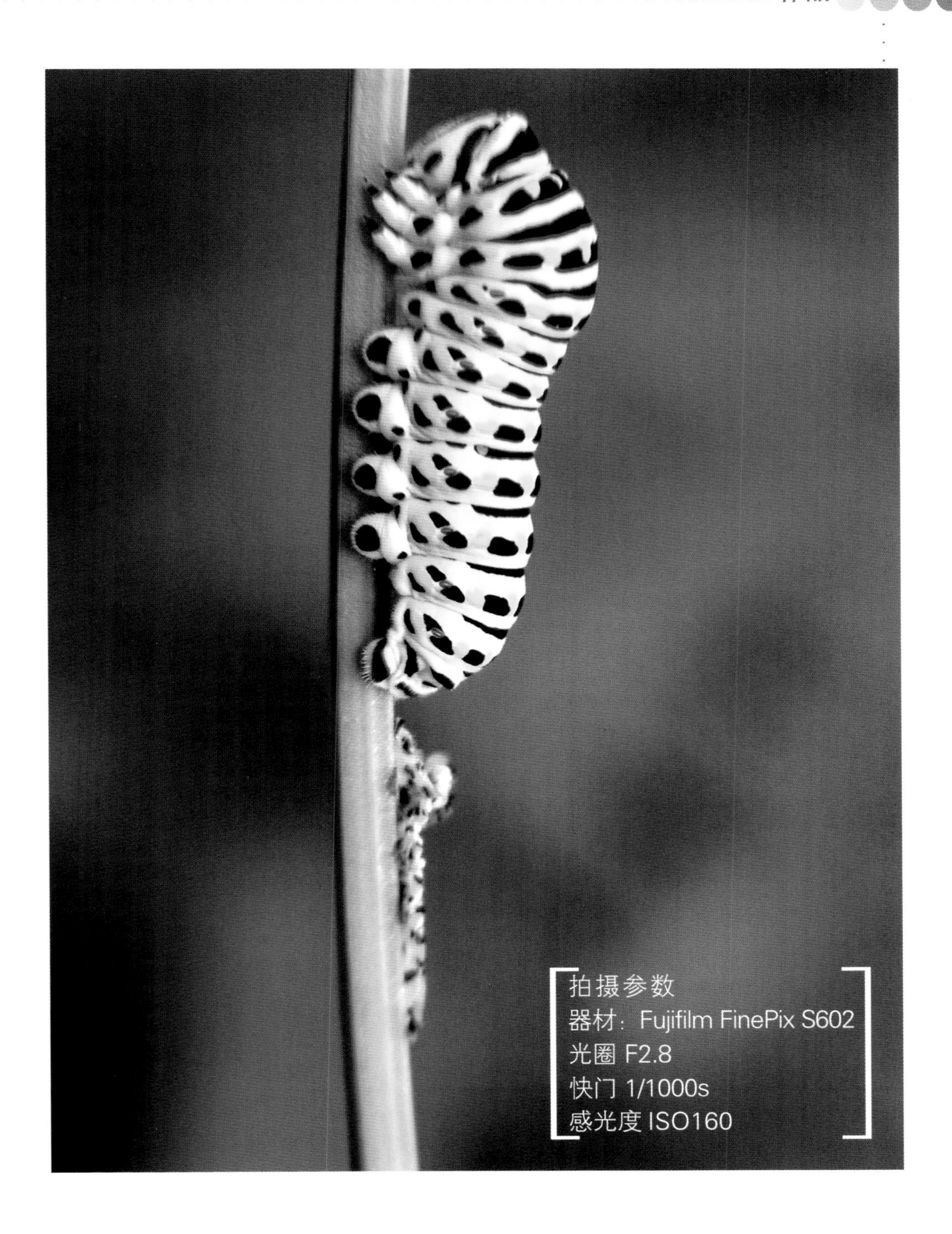
拍摄参数
器材：Fujifilm FinePix S602
光圈 F2.8
快门 1/1000s
感光度 ISO160

春・真的来了

捕捉瞬间的美丽，尤其是飞行中的昆虫对很多爱好者来说似乎颇有难度，其实只要花些心思我们都可以做到。不可否认，数码相机的对焦和快门速度对快速的抓拍是有一定的影响，没有胶片的顾虑以及即拍即现的优势，让我们很快就可以掌握要领。

拍摄参数
器材：Fujifilm FinePix S602
光圈 F2.8
快门 1/640s
感光度 ISO160

这只小天蛾喜欢悬停吸食花蜜，对于这种短时间悬停的昆虫，我们大可以直接对焦。为了方便追拍，我选择LCD来取景，双手把相机平伸过去，尽量少地打扰虫虫，也为自己争取更多的拍摄时间。它们喜欢在花丛中穿梭，尽量选取大光圈虚化掉周围杂乱的环境。

守护

蜂巢隐藏在路边的小石洞里，很难发现，从这点上我们可以看出马蜂妈妈的“智慧”，这可是一个既通风又遮雨的地方哦。开始的动作肯定要非常轻缓，我一边尝试对焦一边留意着它的举动，当它不再盯着我扇翅膀，又继续它的工作时我才放下心来。我慢慢地把相机架在洞口边缘以求平稳，蜂总是不停地动着，这时候我只能借助闪光灯进行拍摄，以前的经验告诉我昆虫对闪光不是很敏感，所以我可以放心使用。很快，我拍到了几张满意的图片。

拍摄参数
器材：Fujifilm FinePix S602
光圈 F3.2
快门 1/60s
感光度 ISO160
Flash on

谁说天下没有免费的午餐？

用反接标头拍摄蚊子吸血确实充满挑战，这意味着你得一只手作出牺牲，另一只手还要端稳加重后的相机，两只手都要相对稳定，一点点的震动造成的模糊都是加倍的。在山里找蚊子并不难，只要你保持一会儿不动，它们马上就会出现，大大方方地落在你裸露的皮肤上准备用餐。当然，我只允许它落在我的左手小臂外侧，这样我拍摄的时候不用做太怪异的姿势，呵呵。好了，按我的计划很快就有访客到来，我在确定它落稳后用最快也是最轻缓的动作蹲下来，把手臂搭在岩石上以求平稳，右手的相机也搭在岩石边上，这时候我就可以从容拍摄了。当然，这时候相机的所有参数都提前设置好了，不然你的血可就白流了哦。实际拍摄中一定要抓紧时间，蚊子吸血的速度比你想象的快得多，我不反对过多的尝试，只希望拍摄时有同伴在你身边。

拍摄参数
器材：Fujifilm FinePix S602
光圈 F11
快门 1/30s
感光度 ISO160 倒接标准镜头

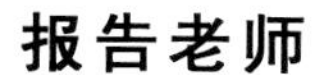

报告老师

正在草丛中找寻的时候，这个食虫虻伴着嗡嗡的声音，一阵风一样落在了我身边的草叶上，我为这个送上门的模特高兴不已。 我悄悄地用镜头对准了它，它立刻警觉地举起了两条前足，呵呵，你可别以为它是在投降，这是在警告我（我认为它可能是想让天敌以为两条高举的前足是触角，用来假装蜂类）。后来看我没有什么敌意，它也渐渐地放松了，但始终不肯放下另一条前足。在拍摄的过程中这个题目我就想好了：报告，老师！

拍摄参数
器材：Fujifilm FinePix S602
光圈 F4.5
快门 1/100s
感光度 ISO160

长角蜂

在前些年的一些春天，我就拍过这可爱的小家伙，被它大大的眼睛和长长的触角所吸引。北京暖和得很晚，已经 3 月底了，桃花才刚刚开放。周日的下午太阳好不容易出来了，我来到了以前拍长角蜂的地方，果然看到了这些可爱的小家伙。它们忙碌地穿梭在黄色的迎春花间，几乎不给我拍摄机会。我只能眼睁睁地看着一个个顶着长长触角的家伙在我眼前飞来飞去。突然想到我上次拍摄的那只长角蜂好像是在松针上休息，不如再去碰碰运气。果然，我在松针上找到了正在休息的长角蜂，拍摄依然困难，这些家伙真的是没有浪费自己的大眼睛，只要我稍有动作，它们马上起飞。我只好蹲到低矮的松针丛中等待机会，呵呵，没想到这一待就是将近 3 个小时，还好，拍到了想要的照片，也对长角蜂有了更进一步的了解！

拍摄参数
器材：Fujifilm FinePix S602
光圈 F3.2
快门 1/160s
感光度 ISO160

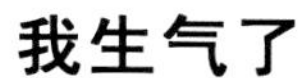

我生气了

沙舟蛾以槭树为寄主，每年发生一代。图片中是它们受到威胁后的样子，那些用来恐吓对手的“眼睛”不过是它们前胸两侧的有色斑块，红色的“嘴”是三对短小的胸足。很多时候我们不要单纯地去拍摄或者说去记录，花些时间观察，对昆虫的了解会让你拍到更有趣的画面。

拍摄参数
器材：Fujifilm FinePix S602
光圈 F3.2
快门 1/150s
感光度 ISO160

奇妙的共生

想要拍摄这样的场面，对快门速度的要求比较高。画面中的蚂蚁在照顾一条闪蓝灰蝶的幼虫，它们不断地收集着幼虫分泌出来的蜜露，几乎没有停歇的时候。我

拍摄参数
器材：Fujifilm FinePix S602
光圈 F11
快门 1/6000s
感光度 ISO160
Flash on 倒接标准镜头

在选择好放置相机的平面后就开始留意观察它们，随着它们的活动小心地移动相机，直到抓拍到满意的照片。画面中蚂蚁的复眼非常清楚，我在非常浅的景深中让两只蚂蚁的头部尽量保持清晰。

生命的曲线

豆娘在交尾的时候有着很特殊的造型，很多人对此不解。上边蓝色的是雄虫，在交尾前，它会用尾须把精液注入自己前胸的储精囊中。交尾过程中，雄虫用尾须抓紧雌虫的后脑，然后雌虫把生殖器插入雄虫前胸的储精囊中进行受精。

拍摄参数
器材：Fujifilm FinePix S602
光圈 F3.2
快门 1/350s
感光度 ISO160

暗藏杀机

我注意到一丛花枝很高的糖芥，桔黄色的花朵格外显眼。近距离的观察给了我更大的惊喜，一只美丽的蟹蛛趴在花朵上，两者和谐地搭配在一起。蟹蛛除了有着极好的掩护色和漂亮的外表，它们同样具备着最大的耐心。这

也是一类不结网的蜘蛛，它们的丝线只在遇到危险突然坠落和制作卵袋时才派上用场。更多的时候它们选择在花丛中安静地等待。

拍摄参数
器材：Fujifilm FinePix S602
光圈 F3.2
快门 1/400s
感光度 ISO160

清晨的小灰蝶

通常在清晨或是傍晚，温度较低，虫虫们要老实得多，这个时候，只要我们发现，通常都可以从容拍摄。早晚这两个最佳时段一定要把握好时机，柔和的光线会让你得到满意的效果。画面中的小灰蝶落在一片花瓣上过夜，湿漉漉的翅膀和花朵上的露珠告诉我可以放心拍摄。在清晨柔和的光线下，侧逆光清晰地勾勒出小灰蝶的轮廓， 在焦平面允许的情况下，我尽量让小灰蝶挡住背景中高亮的花蕊部分，使整个画面看起来更加

拍摄参数
器材：Fujifilm FinePix S602
光圈 F2.8
快门 1/125s
感光度 ISO160

柔和恬静。如果有条件，可以在前景中适当补光。

螳螂捕蝉

螳螂用捕捉足紧紧地钳住蝉翅的基部。蝉虽然已经失去了一只眼睛，依然拼命挣扎，但这种挣扎在强大的猎手面前显得颇为无力。林下光线很杂，我不断地调整着角度，好在螳螂胆子比较大，我很快拍到了满意的照片。

拍摄参数
器材：Fujifilm FinePix S602
光圈 F3.2
快门 1/150s
感光度 ISO160

最上镜的模特——螳螂

螳螂可以算是昆虫王国最强悍的猎手了，一对长满钩刺的捕捉足让所有昆虫望而生畏。走在山路上，我们不难发现这些家伙，但它们大多数时候躲在细密的灌木丛中等待猎物的出现，杂乱的环境很难突出我们的主角，给拍摄带来了困难。正当我一筹莫展的时候，不远处的山路上又出现了一只螳螂，我调试好相机小心靠近，机警的螳螂还是发现了我，它迅速转过身，抬起两把“大刀”摆出一副攻击的姿态，我迅速地按下了快门。大光圈几乎把螳螂的身体虚掉，只留下了炯炯有神的大眼睛和强有力的捕捉足，更加突出了螳螂的威武，略微模糊的触角使整个画面充满动感。

拍摄参数
器材：Fujifilm FinePix S602
光圈 F2.8
快门 1/1000s
感光度 ISO160

绿 的 童 话

花蕾所在的枝叶并不很高，我刻意选择了这个特殊的拍摄角度，一点点的仰视加上虫虫的正面视角给人很多遐想的空间。虽然虫虫面部有些虚，我喜欢的是整体的感觉。

拍摄参数
器材：Fujifilm FinePix S602
光圈 F2.8
快门 1/240s
感光度 ISO160

Keven作品

Keven，本名林泽宇，男，现居台湾新竹。

（选自“绿镜头”）

蝽象

半翅目的蝽象是一种常见的昆虫，只要有花有草的地方都不难发现它的踪迹。

如果特别的留意，你就可以发现，蝽象的若虫，常常是集体行动的，像图中的竹缘蝽象就是个集体行动的大家族，图中小小只的可别误以为是蚂蚁！它们可是相当幼龄的蝽象。

拍摄参数：
机身 Canon EOS D60+EF180/3.5
光圈 F/16
快门 1/1s
感光度 ISO200

蜻蜓

跟拍其他的昆虫来比，拍大部分的蜻蜓其实不算难事，只要它肯停下来，但若是整天几乎都在飞的种类那就是一种挑战了。要拍停在枝头上的种类，需要慢慢靠近，如果太过惊扰它，即使一时被惊吓走，过一阵子，它还是会再飞回同一枝头上，所以守株待兔是拍蜻蜓相当基本的一个方法，图中的蜻蜓就是用守株待兔的方式拍得的，但前提是，你要确定你守的“株”曾经出现过“兔子”。

拍摄参数：
机身 Canon EOS D60+EF180/3.5
光圈 F/8
快门 1/180s
感光度 ISO100

小灰蝶

拍小灰蝶一类的蝴蝶，不算太难拍，但切记动作不能太大，如果动作轻巧，要拍成 1∶1 的比例也不是难事。如果可能，尽量找清晨跟黄昏的时候来拍，这两个时段，大部分的昆虫活动力都不强，可以让你尽情发挥，只要镜头与蝶翼垂直，光圈可以尽量开大，所以拍蝴蝶时，比较容易营造出梦幻般的场景。

拍摄参数：
机身 Canon EOS D60+EF180/3.5
光圈 F/5.6
快门 1/180s
感光度 ISO200

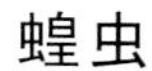

蝗虫

拍蝗虫、螽斯这类直翅目的昆虫，是很容易的事，因为大部分时候，它会一直观察着你的一举一动，直到超出了它的临界点，才会猛然一跃地逃离现场。尤其它在进食的时候，更是放胆大嚼特嚼，是一种相当容易拍摄的对象。

拍摄参数：
机身 Canon EOS D60+EF100/2.8
光圈 F/8
快门 1/180s
感光度 ISO200

心得

大自然的配色有时候不得不让人赞叹。

图中是我非常喜欢的彩裳蜻蜓！鲜明的翅膀，正是我追逐它的动力，人类世界的迷彩图纹说不定正是从它翅膀的花纹所得到的灵感。运用长镜头可以轻易地将背景的杂物模糊掉，图中的背景其实是杂草一堆，但是透过长镜头，杂草就变成了梦幻舞台！将主体整个衬托出来。

拍摄参数：
机身 Canon EOS D60+EF180/3.5
+Kenko Pro300 1.4x
光圈 F/9.5
快门 1/350s
感光度 ISO200

胡蜂

拍膜翅目的蜂是相当有意思的，因为通常我们对蜂都有一种恐惧感，大概因为它会螫人的关系吧，所以跟拍其他昆虫来比，多了一分戒备恐惧的心态。其实只要注意穿着颜色跟身上的味道，不要刺激到它们，还有远离它们的巢穴就行了。它们其实是相当温驯的，但是还是要提醒一下大家，如果拍照胡蜂的过程中，越来越多的胡蜂在您的耳旁嗡嗡作响，您可能已经入侵了它们的地盘，应该知难而退了。

拍摄参数：
机身 Canon EOS D60+EF100/2.8
光圈 F/9.5
快门 1/125s
感光度 ISO200

hd 作品

hd,本名王惠东，男，现居广州。

（选自“poco 摄影版”）

蜜蜂

拍摄昆虫一般来讲不是很困难的事，大多数的时刻我们都习惯抓拍昆虫的静止状态。这样拍出来的相片就很容易流于普通和一般化，整个画面看起来就会很呆板。

我拍这张蜜蜂时，先用的是追随拍摄。你只要多观察，其实蜜蜂的飞行也是有规律可循的。它总有停顿的那一瞬间，我们只要抓住那一瞬间快速地按下快门定格，就会拍出精彩的相片来。还有一种方法：守花待蜂！认准一个理，在蜜蜂出入频繁的花朵前对好焦，蜜蜂进入花朵前的一瞬间，“卡嚓”，就会捉捕到颇有动感的画面来。

拍摄参数：
机身 canon 10D
镜头 EOS100mm
光圈 F5.6
快门 1/750s
感光度 ISO200

斑蝶

2003年的圣诞节是在海南外拍产品广告中度过的。时间和节奏安排得十分紧张，连自己想拍点风景的时间都不多。我们只是在蝴蝶谷里逗留了不到30分钟，又急急地赶去拍摄产品了。我们在蝴蝶谷的花丛中、小溪旁，看到有众多的蝴蝶，三五只相邀，忽上忽下，忽左忽右，在阳光下追逐飞舞，与红花碧水相映成趣，有时构成一幅绚丽的画图，逗人喜爱。

拍摄参数：
机身 canon 10D
镜头 EOS100mm
光圈 F2.8
快门 1/180s
感光度 ISO100

racer作品

racer，本名张巍巍，男，收藏家，现奔波于北京与重庆之间。

（选自“唯美摄影”）

灶马

洞穴昆虫，是我十几年前热衷于昆虫采集的时候所梦寐以求的东西。然而遗憾的是，真正的洞穴昆虫虽然采过几种，但限于当时的摄影条件，一张照片也没能留下来。此事对于我，可说是耿耿于怀了！

重庆北温泉的乳花洞也算是小有名气，身临其境却让人感到沮丧，实在是我见过最小的溶洞了。习惯性地搜索，使我很快发现了石壁缝隙中隐藏的灶马，真的兴奋不已。灶马通常生活在柴房中，城市里几乎已经绝迹。野生灶马更是难得一见。这些灶马似乎已经习惯了洞穴的生活，对于灯光的照射也没有了那种强烈的反应，使得我的拍照显得格外顺利。虽然这些灶马仅仅是生活在洞穴的入口附近，算不上是真正的洞穴昆虫，但也算圆了我的一个梦吧。

拍摄参数：
机身 Canon Eos30
闪光 内置闪光灯
光圈 F2.8 Macro
焦距 100mm
胶卷 Kodak EB 反转片

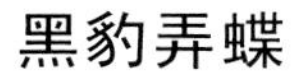

黑豹弄蝶

初上庐山，熟悉情况的司机并没有驱车去找住的地方，而是先把我带到了著名的含鄱口。下了车，只感觉到前方是一处风景优美的“悬崖峭壁”类的景观。尚未来得及仔细端详，一只小虫跳跃式地在我眼前闪过。直觉告诉我，这是一只弄蝶！顺着它的飞行轨迹，我轻而易举地发现雪白的石阶上，栖息着的是一只南方才有的黑豹弄蝶。端起早已准备好的相机跟上去，屏住呼吸，拍下了庐山之行的第一张照片。

我不想再惊动这个小生灵，便转过身来。霎时间，壮观的庐山云海展现在我的眼前。

拍摄参数：
机身 Nikon FM-2
光圈 F2.8 Macro
焦距 55mm
胶卷 Fuji RA 反转片

Vicky 作品

Vicky，本名赖玲玲，女，现居福建。

（选自“绿镜头”）

玉带凤蝶

6、7 月是大多数蝴蝶求偶交配的高峰期，在野外随处可见蝴蝶在互相追逐着，寻找自己的配偶。这是一对追逐中的玉带凤蝶，雌蝶似乎在考验雄蝶的耐心，故意对雄蝶的追求视而不见，让雄蝶忽东忽西、时高时低地追随着。不过交配繁殖是它们短暂生命中重要的使命，所以这样辛苦的追求不会太久，很快雄蝶就以实际行动赢得了心上人的芳心。

拍摄参数

器材 Fujifilm FinePix S602

灰蝶

夕阳西下，一只小小的酢酱灰蝶落在叶片上准备休息了，也许是因为秋天温度下降的缘故，小灰蝶安静地停歇着，任我慢慢地接近。它一点走的意思都没有，这给了我考虑构图和选择背景的机会。在夕阳的照射下，小灰蝶微微发红的翅膀与背景不远处的红砖围墙搭配得非常协调，于是尝试改变一下平时拍摄中以绿色为基调的习惯，拍下了这张背景橘红色的照片。

拍摄参数
器材 Fujifilm FinePix S602

丽眼斑螳

一个略带凉意的秋夜，借着灯光在院子花圃的岩石上发现了我们的主角——快成为妈妈的丽眼斑螳，这个斑螳妈妈敏感地觉察到天气很快将变冷，为了尽快找到一处环境好的隐蔽处建造螵蛸，以尽快产下腹中的宝宝们，斑螳妈妈似乎是在连夜寻找着。我立即打开闪光灯拍下了平时难得一见的丽眼斑螳，闪光灯使斑螳妈妈立即警觉起来，举起两把有锯齿的钳子，以母亲的名义向我示威。我被世上最伟大的母爱感动了，悄悄地收起相机，关掉院子的灯，让这个弱小而伟大的母亲在黑暗中安心地寻找宝宝们的庇护所。

拍摄参数
器材 Fujifilm FinePix S602

7

dake作品

dake，本名李明辉，男，从事广告工作，现居广东佛山。

（选自“绿镜头”）

斑蝶

广东四会市有一条奇石河，岸边的矮灌木上，有一群美丽的蝴蝶在不停飞舞。我兴奋地拍了好一阵，才发现镜头上的偏光镜忘记摘下来了，快门速度很慢，估计蝴蝶的翅膀会糊。我把偏光镜拆下补拍几张后，天色就已经暗下来，这是补拍的照片中比较满意的一张。

拍摄参数
机身 Canon EOS30
镜头 300mm
光圈 F5.6
光圈优先，三脚架，快门线，反光板预升

dindindy 作品

dindindy，本名谢亦洪，男，现居香港。

（选自“绿镜头”）

蜂

这个蜂种是我见过的蜂类之中最为调皮可爱的。它们的腹部蓝黑双间，肥嘟嘟的。头上长着一对碧绿色的复眼，大大的，再加上两条小触须。单看外表已经非常吸引人。如果你细心观察它们觅食的过程，就会发觉当它们准备降落在花朵上用餐前，会飞在花前左右摆动它们的屁屁，好像“蜡笔小新”，又好像高兴得跳舞一样，可爱死了。

我就是利用它这个习性，在它扭屁屁的时候进行调焦拍摄的。

对拍摄飞行虫虫照片，我有个小小的提议：预先调焦，估计小飞虫的下一步，预先构图等候，当目标出现在观景器时，把整部相机前后移动来作最后调焦拍摄，这比转动调焦环快得多，试一下吧！

蚂蚁的爱情故事

这些蚂蚁其实不小，它们的身长大约有 10 多毫米，很凶。当你的镜头太过靠近它们的时候，它们会张开长了两只利牙的口向着你，恐吓你。

找几个不同的角度举机拍摄，看着看着，脑中浮现一个念头——小蚂蚁一只一只在工作，在觅食，在游走，仿佛就像城市中的你和我，在工作，在寻觅，在跑西赶东。

回家后，在计算机中翻着小蚂蚁的相片，拼凑出一个故事来，一个爱情故事，有多少人也曾经遇上。

1. 一生之中时刻都要应付营营役役的生活，夜阑人静的时候倍感孤单。于是决定开始寻找，找的就是老天爷安排了又藏起的另一半。

2. 茫茫人海之中要找到她是多么困难，可是不要轻言放弃。缘份就是那么神奇，某日，他遇上了她。他们谈得很投契，志趣也相近。这叫一见钟情吗？恋爱来了。

3. 人言可畏真的不假。为什么人们总爱说别人闲话。不负责任的人说三道四，误会产生，嫌隙日深。一段美好的爱情让流言毒害了。

4. 大街上，一个向左走，一个向右走。既是相逢又是分手。他回头看她，她没有。此刻百感交集。相见曾如不见，有情却似无情。

5.心如刀割，走在街上，走在人群之中，看不清周遭的人，看不清周遭的事。一切的一切都模糊了，只见眼泪一滴一滴流下来——他哭了。

（编者注：本故事为作者有趣的虚构。图片中的蚂蚁都为无繁殖能力的雌性工蚁）

食蚜蝇

如果你想拍一些飞行中的小昆虫相片，开始时当然得找个容易对付的模特了，那我会推荐食蚜蝇给你。虽然它的身体不大，不好找，但是它有一个有趣的飞行习性——滞空（悬浮），不错，就像直升机一样停在半空之中一动不动。这样正好就给了你拍摄构图的好时机！

食蚜蝇是喜食花蜜的，要找它当然要走到多花开的地方，尤其要有小花的。它们进食时首先会飞到小花儿前停在半空看一会儿，才落到花瓣上吸食花蜜。就在一食一停之间便出现无数的拍摄机会。如果遇上一只比较饥饿的

食蚜蝇，就算你的镜头碰到它，它都不会被吓飞，那你就多给它拍几个特写吧！

soul 作品

soul，本名莫婷婷，女，现居广东珠海。

（选自“绿镜头”）

龙眼鸡 I

2002年11月拍摄。在龙眼树下的鸡冠花上发现它，立刻蹲下来慢慢移近。当我拍了两张后它就飞跑了，飞行时就像一朵花一样艳丽，难怪龙眼鸡被称为“会飞的花”。不过它可是害虫哦。

拍摄参数：
机身 Nikon5700
光圈 F4.6
快门 1/297s
焦距 52.4mm
感光度 ISO100
微距档，光圈优先，点测光，手持

龙眼鸡 II

龙眼鸡秋天通常停在龙眼树身上一动不动，但有人靠近时，它就迅速转到树身背面。你绕过去，它又会立即转回来。它酷爱这种与人捉迷藏的游戏。

有时很难靠近它，按设想的构图对焦拍摄。这两张是人不对着龙眼鸡，只把相机伸到树后利用相机的可翻转液晶屏构图、对焦拍摄的。它不避开相

机，可以慢慢来。由于光圈小,树底下光线弱,速度慢,就用了独脚架。2003 年 10 月 2 日拍摄。

拍摄参数：
机身 Nikon5700
光圈 F6.6
快门 1/16s
焦距 27.3mm
感光度 ISO100
微距档,光圈优先，区域测光，用独脚架

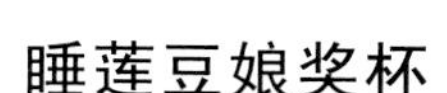

睡莲豆娘奖杯

先后共花了 7 天时间在睡莲池周围转悠，了解豆娘的活动规律，拍了一些平时走马观花而所没见到的镜头。下雨时豆娘怎样活动呢？那天下雨就特地去看了。原来豆娘跟平时一样，不管有没下雨，该干嘛还是干嘛。雨天的豆娘镜头还是第一次拍。左手举着伞，右手举着相机，还不敢把手伸到伞外，怕雨水打湿相机。但拍微距总要离目标很近，把伞扣着虫虫又挡住本来就阴暗的天光，速度慢了单手持机很易拍虚，就等于白拍，只好用胳肢窝夹着伞，左手盖住镜头并伸出伞外靠近豆娘。伞歪了，只要不是往目标那边倒，人淋雨倒不怕。拍完立刻缩回来用纸巾擦干机上的雨水，确实有点险。碰到可遇不可求的机会，机子淋得满是雨水也顾不得，这张片子当时就这样冒雨拍的。因为这次差点把相机淋坏，就特意自己动手做了一块使用的时候插在热靴上能上下左右转动，既可放下挡雨，扳起来又可在逆光拍摄时用来补光的附件，解决了在下雨时拍微距怕相机被淋湿的忧虑。2003 年 9 月拍摄。

拍摄参数：
机身 Nikon 5700
光圈 F7.2
快门 1/141s
焦距 52.4mm
感光度 ISO100
微距档，光圈优先，中心重点测光，−0.3 补偿，手持

金斑蝶

第一次见到这种漂亮的蝴蝶时只远远拍了一张，它就飞跑了。这次发现它停在池面的枯叶上，嫌背景不好，就扔一段枯枝把它赶飞，随后就跟着它上山下坡，折腾了好久。这是它停落在我跟前的龟背竹叶子上时拍的，刚按下快门它又飞了。2003 年 12 月 21 日拍摄。

拍摄参数：
机身 Nikon 5700
光圈 F7.2
快门 1/327s
焦距 52.4mm
感光度 ISO100
微距档，光圈优先，区域测光，−0.7 补偿，手持

gyx2002 作品

gyx2002，本名葛元宪，男，现居北京。

（选自“绿镜头”）

豆娘

我自从买了数码相机，就喜欢上了昆虫摄影，一是因为数码相机的微距功能巨强大，二来拍片成本也较低。圆明园是我拍虫的主要基地，那儿人少虫多，捎带着还能拍点荷花什么的。我经常是下了班才去圆明园，一直拍到太阳落山。那天，我在荷塘边拍豆娘，此时太阳就要落山，温暖的色调映衬出豆娘的轮廓，特别漂亮，就赶紧拍了几张。

拍这张片子更为有趣，当时我觉得豆娘的位置不很理想，就降低相机的镜头，抬高它所在的小草，它竟没有飞走，老老实实地让我拍了个够，整个一个小模特。

11

skybug作品

skybug，本名施凯，男，现居福建福州。

（选自“绿镜头”）

玉带凤蝶

玉带凤蝶，传说中梁山泊与祝英台凄美爱情的见证。10月底，北方早已是秋意正浓，而南方却仍然生机勃勃。经过了酷暑的考验，趁着难得的好天气，到处都可以看见这些翩翩起舞的精灵徜徉于山林之间。心有所感，用手中的相机记录下这些，祝福我的爱情。

豆娘

盛夏的干旱让许多昆虫消失了踪影，而无聊的游荡却让我与年少的梦想在一个即将干涸的小池塘不期而遇。少年时参加生物夏令营，因着一个特别的名字让我记住了它——豆娘。再次邂逅时我已不再年少，而它们却美丽一如往日。

12

ywjiang作品

ywjiang，本名于文江，男，现居青岛。

（选自“绿镜头”）

金蝉

2003年8月4日下午，去给朋友拍人像，路过河边的一个灌木丛时发现一只刚刚蜕壳的蝉，金色的，很漂亮。

我还是第一次见到刚刚蜕壳的蝉呢。曾经读过一篇文章，想想眼前的这只蝉一定是在地下的黑暗里生活了很长时间，少则两三年，多则十七八年，而它将来在太阳下飞上高高的树枝放声鸣叫的日子也就一两个月。十几年换来这一两个月光明的日子，它们会有爱情、会有后代、可以吮吸甘甜的树汁，等待它们的是蝉一生最幸福、最精华的日子。虽然不能把人类的情感加到动物的身上，但是，当你面对这一个过程，你会更加为这一个自然界的小生命感动，感叹它纯净、剔透的形体，感叹它新生的色彩，在未来短短的十几分钟内，它的体表会被氧化而变成黑色，羽翅会变硬。它等待着，它即将飞上天空，飞上枝头开始全新的生活。我把镜头调到微距端，在快门释放的刹那间，我感觉留住了一个生命最关键时刻的影像。一个新的春天即将到来，被我拍摄的那只蝉现在肯定已经不在了，而那一刻的影像将会永恒。

拍摄参数
器材Fujifilm S2 pro
镜头 nikkor AF 105mm/F2.8

对峙

当时是去一个海拔在1400米的沿海高山上拍一种珍稀的花——天女木兰。天气很好，高海拔的地方空气透度也不错。

拍完了花，突然发现树下的草丛中有这些虫子，绿色的蝽象实在挺可爱，红色的叶甲也很纯，它们不怕人，镜头凑得很

拍摄参数
器材 Fujifilm S2 pro
镜头 nikkor AF 105mm/F2.8

近，可是，山上的风不小，所以，没有办法降低快门速度。就这样，拍下来几张，景深相对都很浅。

这一张照片，感觉就像是红虫子在躲避绿虫子，绿虫子的两个触须扫来扫去，好像是在探测什么。我也说不好到底有什么微妙的对峙，就是觉得挺有趣。

13

米琪作品

米琪，本名苟小冬，女，现居重庆。

（选自“绿镜头”）

丽眼斑螳——漂亮妈妈

2003年11月2日，这是一个晚秋的周末，在重庆铁山坪的一棵不知名的树上，这只穿着迷彩服的丽眼斑螳悄悄伏在一片树叶上，就像一个伪装的士兵，躲过了过往游人的目光。这是我第一次亲眼看见穿花衣服的螳螂，我马上放轻了脚步，还有意识地屏住了呼吸。当我靠近她时，她不但没有退缩，而且大胆迎接我的Nikon 990镜头。由于她与绿色的树叶几乎融为了一体，拍了好多张PP，都是一片绿色，没有想像中的赏心悦目。

就在我摇头叹息的时候，一株含苞待放的美人焦闯进了我的视线。定睛一看，嫩黄嫩黄的花蕾，就像谁握在手中的一把黄桷兰，造型非常别致，要是这只螳螂能在这上活动，画面肯定好看。我这样想着，看看螳螂呆的树离这株美人焦还有两米远，要是让螳螂自己行走，可能走到天黑也攀不上这个“美人”，我灵机一动，何不帮她一下呢？我随手摘了一片树叶，刚一伸到她面前，她仿佛看懂了我的心思似的，不慌不忙，慢慢地向我手中的树叶爬来，

我迅速将它运到了美人焦上。这下可好了，她一见到“美人”，就像见到了亲人一样，马上变了模样，一会儿摇头，一会儿瞪眼，一会儿又用它的大前脚转来转去洗脸，末了还扭动身躯，大摆POSE。我上下左右忙不迭，生怕漏掉了这难得的机会。

这是我见过的最好的昆虫演员，她娇小的身段，大大的眼睛，细长的脖子，天生的美人坯子。那天下午，为了她，我真是舍不得离开铁山坪。后来我的一位朋友蝶蝶儿指着我拍的照片说，这只螳螂是个身怀六甲的准妈妈，看着照片，我更生出几许伤感的怜爱。不过懂昆虫的蝶蝶儿又说，她其实凶着哩！资料上说雌性螳螂在与雄性螳螂交配之后，就会一口咬断雄螳螂的“脖子”，然后一点一点将他吃掉！哇，这种说法与我看到和拍到的“漂亮妈妈”怎么能够相吻合呢？我宁愿不相信。

蛑象——透明的翡翠

这只蛑象像透明的碎纸片一样飘到离我一米外的草丛中时，根本没有引起我的注意。此时是2003年11月晚秋的一个艳阳天，我正与几个朋友在重庆浮图关公园喝茶聊天高谈阔论。

当我觉得有些累了，站起来伸了个懒腰，走出几步，这张小小的纸片在草丛中的微小动作让我逮住了它。我看了半天也没弄清它到底是不是昆虫，它就像一块淡绿镶嵌着绯红边的翡翠，轻轻放在一叶小草上一动不动。

我看不清它的面容。它通体透明，特别的嫩，像刚刚出生的婴儿一般。我用手轻轻触碰它，它居然动了起来，动作还不慢。我就蹲下来细细观察它，发现这块翡

翠喜欢躲到阳光的另一面。是不是它太薄太透，轻不起太阳的照射？有阳光的时候，它就会爬到一叶小草的背面，隐蔽起来。可别小看它，趁你不注意，它会一蹦两尺远，消失在草丛中，有来无影去无踪的绝招。

后来我将这组照片贴上网，他们告诉我这是蝽象的若虫。

不知道它吃什么？在这一天比一天冷的深秋靠什么存活？现在想起这些当时就想过的问题，仍然不免揪心。

雨中蝽象

2003年10月，摄于四川南江县的大巴山。

在大巴山桃园的一农家院子里，发现了这只漂亮的蝽象。在雨中，它当时像一个壮汉，在一朵花蕾上翻上翻下。当我靠近它时，它也不躲避，仍然闲庭信步，自娱自乐。

柑桔凤蝶——大巴山的花姑娘

2003 年国庆长假，朋友们相约到四川南江县的大巴山，这里风景旖旎，特别是秋天，满山的红叶让人目不暇接，美轮美奂。

我想在这么美丽的风景熏陶下，肯定有不一样的昆虫吧，不是有山清水秀，人杰地灵的说法吗？当时我刚刚爱上昆虫摄影，正愁找不到机会一展身手呢！二话没说，背着相机就跟着部队出发了。

不巧的是，一出门就下雨，一路上，我的心也被打湿了，没精打采，看到风景也没什么兴趣。一到桃园风景区，大家顶着蒙蒙细雨登山去，我跟在队伍后面，一面走一面东张西望，一只大花蝴蝶就像在等我似的，停在路边

的一簇鲜红的花儿上，非常醒目。我赶紧站下来，打开我的Nikon990，一点一点向它靠近，生怕打扰了这只花姑娘。

雨中的蝴蝶好像知道我是远方的不速之客一样，很配合。它在这朵花儿上停一会儿，又飞到另朵花儿上玩一阵，但都在我周围。我一阵狂拍，整整一个上午，我就在原地与蝴蝶纠缠。虽然掉了队，但初试牛刀的收获胜过了一切。

蝴蝶幼虫——卡通宝贝

其实我也和其他女性一样，看到那胖得发腻的毛毛虫就会尖叫。奇怪的是，看到这条“毛毛虫”时，不但不觉得可怕，而且有惊艳的感觉。

这是在重庆永川拍到的一只蝴蝶幼虫。它刚好掉在这朵花上，瞧瞧，蕾丝花边的外套，加上头上的花冠，无疑是昆虫王国中一个即将参加舞会的妙龄少女；又像是一只彩色的蚕宝宝。看见它，很难让人想起“虫子”之类。

精致、艳丽，再加上那不紧不慢的神态，让人产生错觉，这不是一只虫子，而是某一位卡通大师的杰作。

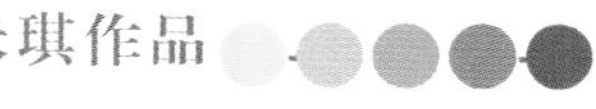

蝽象

2003 年 10 月，可能是大巴山的秋天来得晚的缘故，山上仍是绿色一片，偶尔看到几片树叶在朝红的方向发展，众人都会一阵尖叫——看哪，红叶！当地老乡说，真正要看红叶得 10 月下旬，那时遍地的金红、嫩黄才是最好看的时候。

不过对于我来说，叶子红不红并不重要，重要的是即将进入冬眠的昆虫在大巴山活得怎样。不出我所料，大巴山山清水秀，虫虫家族在这阴冷的秋天里仍然生龙活虎，整洁艳丽。这几天虽然是小雨天，虫虫们照样出来活动。这只穿着大花衣裳的蝽象就是在阴天的微雨中被我的 Nikon990 拍到的，它的花纹夸张而艳丽，是城市中较为少见的一只漂亮蝽象。

集虫儿作品

集虫儿，本名袁峰，男，从事昆虫研究工作，现居北京。

（选自"搜狐昆虫论坛"）

黄花蝶角蛉

地点：北京延庆松山国家级自然保护区。

时间：2003年6月。

场景：阳光柔和的上午，刚刚羽化出来的小家伙爬上枝头缓缓地舒展翅膀，伴随微风的轻抚，鲜艳的色彩渐渐闪现。轻按快门，将它怯怯的姿态永远记录下来。

拍摄参数：
机身 Olympus C5050Z
光圈 F4.0
快门 1/320s
焦距 11.9mm

完眼蝶角蛉

地点：北京怀柔云蒙山。

时间：2003 年 7 月。

场景：灰色压抑的乌云下，凝重潮湿的空气里包裹的蝶角蛉不耐烦地翘起尾巴，悠闲地排泄。快门按下的一刻，它的表情意想不到地轻松，骄傲的触角微微地摆动着。它又似乎有点纳闷儿，在这样美丽的大自然里它的生活竟如此无聊，如果能够飞上云端，与晚霞一同翩翩起舞，目送太阳落山，等待朝霞的出现，生命会不会有另一个意义呢？时间就这样静静地流淌，它的心愿也随傍晚醉人的风一起飘来飘去，飘来飘去……

拍摄参数：
机身 Olympus C5050Z
光圈 F2.0
快门 1/500s
焦距 11.9mm

李枯叶蛾

地点：北京怀柔云蒙山。

时间：2003 年 7 月。

场景：以拟态和保护色著名的李枯叶蛾此时似乎呆错了地方。是它厌倦了逃避鸟类的袭击而东躲西藏的日子么？居然也选择了白天暴露在这样明显的地方打瞌睡。其实不怪它晕了头，前一天晚上，它是被灯光吸引过来的，只是留恋这温暖的晨光罢了。我又有点怜惜它，这么一个小东西，在茫茫的大自然中不停地寻找着生活的安全感，却依然不能改变自然界对它的残忍。

拍摄参数：
机身 Olympus C5050Z
光圈 F4.0
快门 1/50s
焦距 11.9mm

矛斑蟌

地点：北京植物园。

时间：2003 年 6 月。

场景：在草丛里搜寻了半天，终于发现了亮点：两只豆娘落在草叶上投入地交配。我端起相机刚要拍摄，突然又一只雄虫偷偷从后面靠过来，露出不知是羡慕还是妒忌的眼神儿，于是我把它也留在了这个镜头里。人类总是以为虫儿们是在生存，其实我们都忽略了，它们也是在生活。它们的生活里同样充满了感情，雌性的满眼流露出的温柔和顺从，把旁观的那只雄性陶醉在一种另类的幸福之中。它的茫然让我动情，寂寞与孤独的侵袭不能打碎它追求爱情的愿望，我只好在端起相机的那刻以一颗同情和祝愿的心，为它期待双宿双飞的明天。

拍摄参数：
机身 Olympus C5050Z
光圈 F2.0
快门 1/200s
焦距 11.9mm

白扇蟌

地点：北京植物园。

时间：2003 年 6 月。

场景：强烈的日光映得人睁不开眼，只有两对正在交配的豆娘性趣还依然不减。波光滟涟的水面，它们同时降落下来，仿佛时光可以停止，留住它们激情浪漫的一刻。能够抓住这个镜头非常不易，“赶早不如赶巧”，或许在豆娘的世界中也有集体婚礼吧！这两对新人，迎着金黄色的阳光，沐浴在爱的河流里，任那甜甜的幸福飘荡在炙热的空气中，令它们窒息而又兴奋。

拍摄参数：
机身 Olympus C5050Z
光圈 F2.0
快门 1/650s
焦距 11.9mm

鸣鸣蝉

地点：北京怀柔喇叭沟门黄甸子。

时间：2003年8月。

场景：每次在山里搜寻的时候都是“只闻其声，不见其物”，而这次巧的是，我无意中发现了这对幸福的小家伙。它们无心在炎热的夏天里歌唱，偏偏躲在一棵不起眼的杨树上享受爱情。它们的爱情是安静的，无声的，这与平日里的焦躁仿佛有些不协调。翠绿的眼睛渴望着天长地久的相守，透明的羽衣下看似坚强的外壳永远罩不住生命的短暂，只有我能够为它们留住这一刻，待它们在狂风暴雨的洗礼后化作春泥时，还会有一段曾经美好的恋情停留在世间。

拍摄参数：
机身 Olympus C5050Z
光圈 F2.3
快门 1/100s
焦距 11.9mm

波仔作品

波仔，本名冯健，男，大学生，现居广州。

（选自“色驴天下”）

弱肉强食

记得当时是去广东三水荷花世界拍荷花，无意中却发现了这个触动人心的情景。

伴随着一阵响亮的“滋、滋”声响，我们看到一只硕大的黑色春蜓正在湖边的柳树枝上美美地享受着它的午餐：一只黄色的蜻蜓。黄蜻蜓看上去已经死去了，也看得出春蜓正在吮吸着猎物的脑汁。最后，被榨干的黄蜻蜓呜呼哀哉地掉入水中……惨不忍睹。

虽然不到一分钟的时间，但整个过程看得我们触目惊心，目瞪口呆。自然界是残酷的，为了生存哪怕是同类也免不了自相残杀的命运。“弱肉强食，适者生存”的定律第一次如此真切地展现在了我们面前，也深深地触动了在场的每一个人的心。

拍摄参数：
机身 Canon Eos50
镜头 70-200/F4UL
光圈优先 F5.6

16

蚁司令作品

蚁司令，本名刘彦鸣，男，现居广州。

（选自“绿镜头”）

叶形多刺蚁

叶形多刺蚁是众多蚂蚁中形态与颜色最为美丽和奇特的一种。它们身上长着夸张的长刺，是一种非常凶狠的蚁种。它们都不建立蚁巢，蚂蚁们只在树基的阴暗处集结形成一个暗红色刺团，利用身上的长刺和上颚保卫整个集体的安全。它们的生活方式也很特别。在繁殖期，部分新婚的蚁后，会到一些弓背蚁的巢里作客，过着寄生生活。为了拍摄到它们的秘密生活，我不惜利用了糖水来吸引它们。

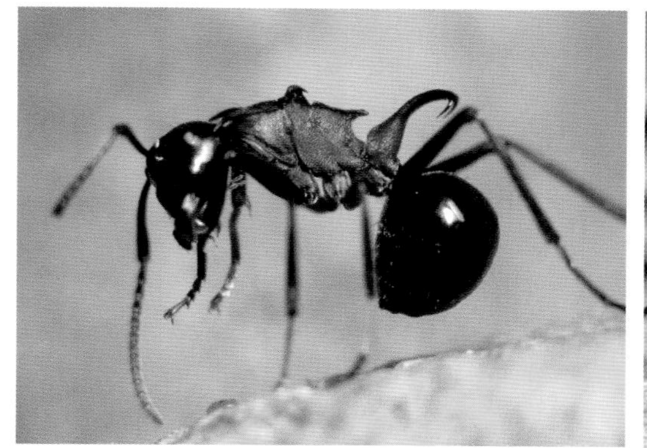

红树蚁的故事

红树蚁也是一种很野蛮的蚂蚁种类，它们的本性是捕猎一切走过它们领域的小生物。它们有力的上颚，配合腿上的爪，能牢牢地把树叶控制在适当的位置。它们的巢穴筑在树顶，通过同伴的身体搭桥，一个拉一个地把树枝树叶连接起来，通过数十片树叶和利用蚂蚁幼虫吐出来的丝连接成一个不怕风雨的叶巢。

这是红树蚁例行捕猎的镜头，被活捉的是山大齿猛蚁。

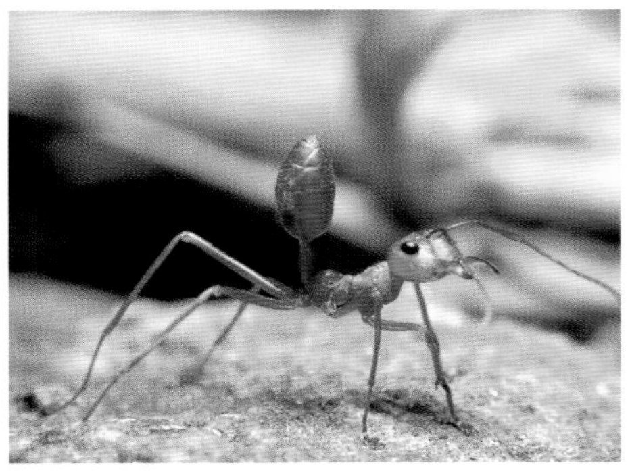

红树蚁的预警姿势，竖起腹部，释放化学信号。

在蚂蚁的世界中有很多不公平的事，通常都是多只蚂蚁围殴一只。如图所示，那只可怜的黑色猛蚁正路过一只被丢弃的同伴的尸体。在它与一群红树蚁相遇时，不知好歹的猛蚁尝试攻击红树蚁，当然不成功了，结果猛蚁被这群红树蚁就地正法，与同伴死在了一起。

17 拉步甲作品

拉步甲，本名孙锴，男，原居北京，现旅居海外。

（选自“北京昆虫网”）

碧伟蜓

对碧伟蜓这种大型且好动的蜻蜓来说，片刻的休息也显得十分难得，遇到这样的机会自然不能放过。这只碧伟蜓停落在一人高的矮树上，虽然对惊扰很不敏感，但是这个高度已经不适合使用三脚架了，手持拍摄成了惟一的选择。为了保证画面不会受到身体晃动的影响，并排除微风的干扰，我使用了快门：1/125 秒，F/8 的组合。这样的组合对于拍摄大型昆虫的工作距离是可以接受的，并且由于景深得到控制，背景中的花丛呈现出朦胧的色块，感觉还不错。

小豆长喙天蛾

小豆长喙天蛾的飞行技巧很高，它们旋停在花朵上方，用长长的喙管吸食花蜜的情景也很常见，以至于一些不明真相的人会以为见到了蜂鸟。当我刚发现这个“模特儿”的时候，并没有立刻进行拍摄，直到确认它不会马上飞走的时候，才趴在地上，手动对焦拍摄。我使用1/250秒拍摄了三张照片，并使用了TTL闪光——这是NikonF801s同步闪光的最高快门速度。虽然拍摄效果还不错，但还是有些后悔没有多拍几张。毕竟“模特儿”这么配合的机会难得。建议大家如果带的胶卷够多，一定不要吝啬；如果使用数码相机，更是要多拍些，总会找出自己满意的照片。拍摄类似的照片，只要有耐心和一个高速度的快门，其实并不算难。

网蛱蝶

蝴蝶由于有美丽的色彩，轻盈的舞姿，总能吸引人们的目光，也成为昆虫摄影爱好者所钟爱的拍摄对象，我也是如此。照片中的蝴蝶是一对正在进行求偶仪式的网蛱蝶。停落在前面、体形较大的是雌蝶，后面体形较小的是雄蝶。我看着它们在空中盘旋翻飞，尔后双双飘落到草丛中；雄蝶首先抬起腹部向雌蝶表明“爱意”，雌蝶也频频举起腹部回应。要知道，对于大多数昆虫种类来说，声音并不是交流的方法，动作和外激素的交流才是有效的手段。雌蝶只有在用这种方法“谈情说爱”一番后，才会“答应求婚”；而此时雄蝶也并不担心会失败，因为如果雌蝶已经交尾不再接受雄蝶，它会在求偶开始的时候就平铺翅膀，提起腹部，表示“拒绝”的。

线灰蝶

灰蝶科是一类娇小精致的蝴蝶。正因为它们体型小、速度又快，拍摄者很难发现并跟踪它们；不过，努力做到这点是非常值得的——灰蝶很喜欢停落下来，是非常好的拍摄素材。每年七八月份，在北京的山区我们都能够找到照片上这种漂亮的线灰蝶的踪迹。它们非常喜欢停落在山路两旁的草丛和灌木上晒太阳，了解到这一点，找到它们就很容易了。了解你的“模特儿”，清楚它们的习性和生境，对于一个动植物摄影爱好者来说，就像了解自己的设备一样重要——是拍出更多精彩照片的保证。

窗蛱蝶

窗蛱蝶是分布在北方的一种蛱蝶科种类，虽然算不上漂亮，但是由于数量不多，难得遇到，所以成为我希望拍摄到的物种。4 月份的北京山地虽然还是一片荒凉，但是星星点点的嫩叶和早早开放的野花已昭示出春的来临，更有偶尔掠过的窗蛱蝶将这淡淡的春色浓浓地渲染一番。窗蛱蝶虽然善飞，但雄蝶的领域性很强，总会守在一处，等待路过的雌蝶，伺机求偶，拍摄它们也就有了希望。这只窗蛱蝶守在林间的一片开阔地上，不舍得离开，我自然也就手持相机，蹲在灌木丛中，找准机会按动了快门。我很喜欢这张照片，

因为阳光从蝴蝶背面照下来，让我们清晰地看到窗蛱蝶的特征——翅膀顶端有透明的圆形“小窗”。

甘蔗长袖蜡蝉

第一次看到这种同翅目的小虫，就是一惊——好奇怪的虫子！不足 6 毫米的短粗身材，竟长出 10 毫米左右的长长前翅，配上不成比例的短小浑圆的后翅，瞪着一对酷似“斗鸡眼”的复眼警惕地盯住镜头，让人在怀疑它是否是畸形个体的同时，又忍俊不禁。但是，只拍摄了几张照片，这个“小怪物”就让我刮目相看了。它盯了我一会儿后，开始转动身子，当调整好位置，就用看似单薄修长的后腿奋力跳起；当我还张着大嘴钉在原地的时候，跳到半空中的小东西已经扑动看似僵硬的前翅，缓缓地飞进山谷中了。终于，我合上了有些坚硬的嘴巴，可以尽情地感叹造化的神奇了。

18

康特作品

康特，本名朱朝晖，男，现居杭州。

（选自“绿镜头”）

水中的阿蒂丽娜——碧伟蜓

保持相机的稳定，相机稍有震动都会影响到照片的清晰度，因此要特别注意保持照相机的稳定性。能使用三脚架最好，在一些不便使用三脚架的情况下（拍这张照片由于各种原因没有使用脚架），在按动快门前要屏住呼吸，尽可能利用一切可以依靠的支撑稳定住身体进行拍摄，在有条件的情况下要尽量使用大光圈，以提高快门速度，防止影像的抖动。

拍摄参数：
机身 fuji S1pro
光圈 F6.7
快门 1/200s

叶甲

想要拍好一张好的微距照片，对焦要准确，微距摄影对成像的清晰度要求特别高，由于相机离被摄物体距离很近，景深会很小，很容易会靠成对焦不准。因此距摄时要仔细对焦，可以通过移动相机的拍摄距离来调焦，把焦点对在物体最重要的部位。由于景深会变得更浅，所以建议使用小点的光圈，这样会比较容易对焦，这张照片的光圈用了F8。

拍摄参数：●●●●
机身 fuji S1pro
光圈 F8
快门 1/500s

菜粉蝶

背景的选择，微距摄影中背景处理很重要，最基本原则就是要突出主体，简化画面。一般深色主体应以浅色背景为主，而浅色主体应以深色背景为主，背景颜色应与主体颜色形成鲜明对比较好，背景不能太杂乱，拍摄时要注意选择好角度避开一些杂物。这张照片在使用逆光的情况下也能使被摄主体表现得很通透。

拍摄参数：
机身 fuji S1pro
光圈 F11
快门 1/350s

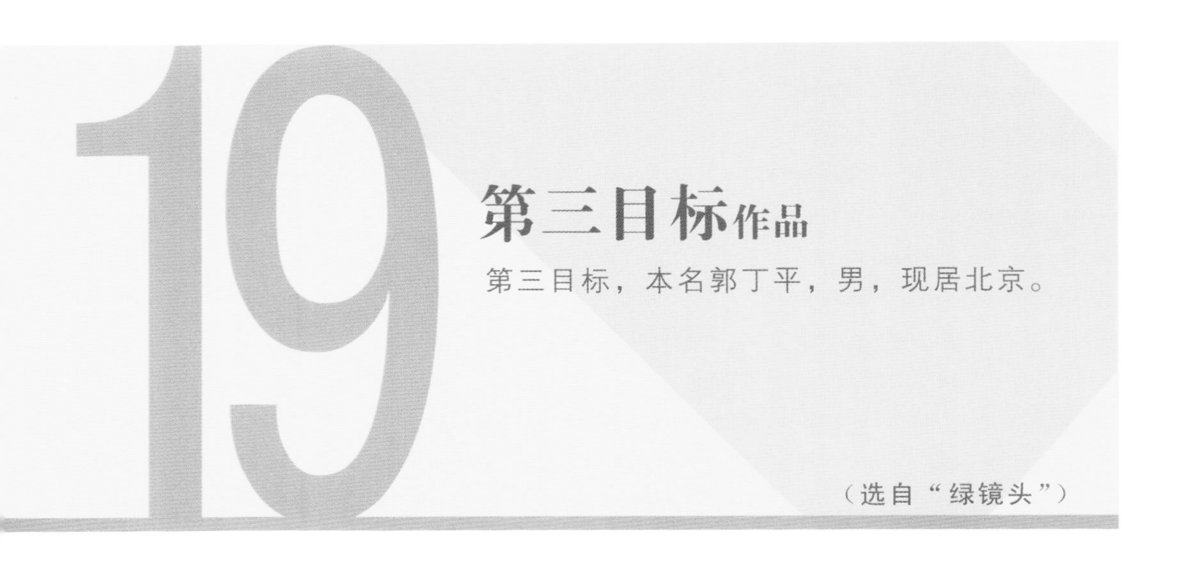

起飞前的寂静

多数时候我见到的食虫虻要么是抱着猎物大吃，要么就是正在追捕猎物。粗壮的身形，强劲的抱握足以及坚硬的刺吸式口器让大多数的昆虫望而生畏。只有在这样一个雾霭笼罩的清晨我才能看到这家伙片刻的安静，我知道它正在积蓄能量，准备开始一天的捕猎。

拍摄参数：
机身 NikonD100
光圈 F10
快门 1/3s
焦距 185mm
光圈优先，点测光，三脚架

求偶的竞争

求偶的竞争在自然界是激烈甚至残酷的，为了表现这一点，我在画面中突出了叶甲儿对交错在一起的触角，画面中可以很清楚地看到雌虫和雄虫触角的差异很大。

拍摄参数：
机身 NikonD100
光圈 F8
快门 1/125s
焦距 105mm
光圈优先，点测光，手持

蜜蜂还是苍蝇？

蜜蜂还是苍蝇？两片翅膀暴露了它的身份，这是双翅目的蝇类，我可以清晰地看到它后翅位置的平衡棒。展翅的昆虫让我确定了从上而下的拍摄角度，这只寄蝇腹部微微抬起，用醒目的颜色警告我。

拍摄参数：
机身 NikonD100
光圈 F5.6
快门 1/20s
焦距 185mm
光圈优先，点测光，三脚架

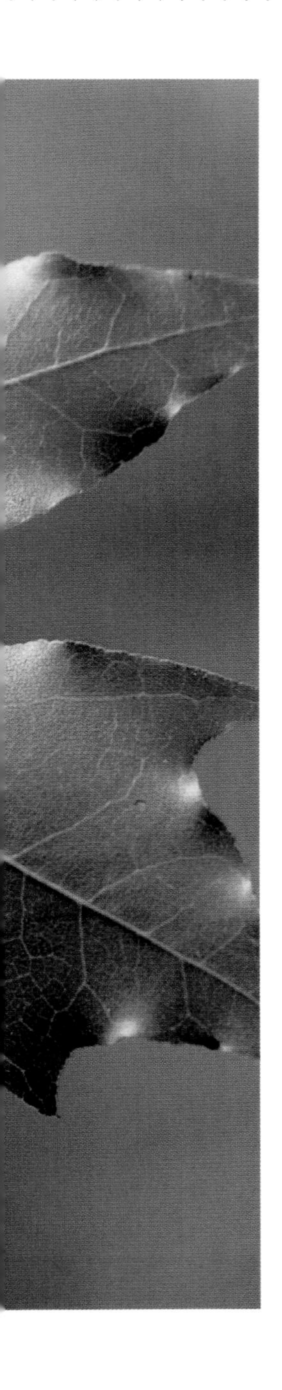

舟蛾幼虫

大部分舟蛾幼虫都有着或美丽或奇特的外表，黑蕊尾舟蛾也不例外。发现这条幼虫的时候它在我面前不住地摇摆，我只好把动作放轻缓，让它慢慢平静下来做我的模特。我刻意用很大的画面来交待槭树的叶片，那正是黑蕊尾舟蛾的寄主。

拍摄参数：
机身 NikonD100
光圈 F5.6
快门 1/30s
焦距 185mm
光圈优先，点测光，三脚架

钱龙卵作品

钱龙卵，原名詹程辉，男，现居汕头。

（选自“绿镜头”）

青凤蝶

南方的冬天不能说是冷，但是也多了丝丝凉意。中午的太阳带来了冬天的温暖，一只青凤蝶飞累了，停在一片树叶上晒太阳，获取阳光的温暖。它已经奔波了一个早上了，不停地为它的后代寻找食物，把它的宝宝产到各处的樟树上。初冬的大地可以找到充饥的花蜜是少之又少，它又饿又累，现在只能停在一处叶子上晒太阳，吸取阳光的能量。它心里在祈祷寒流不要那么快就到来，可以多点时间让它顺利地繁衍后代。

21

云间渔夫作品

云间渔夫，本名蒋建新，男，现居上海。

（选自“绿镜头”）

花间精灵

早晨10点还算凉爽，在绿地的花丛中，我在追拍一只青凤蝶。突然，眼前出现了一个快速移动的小精灵，黄绿色，有尾巴，像蜂鸟，翅膀的震动频率非常高，能短暂地在花朵前悬空停留。它引起了我更大的兴趣，我将F707调至最大光圈（实际上在那种光线下，可以考虑速度优先），用微距尽量去靠近它。它也并不害怕，像蝴蝶一样贪婪地吮吸花蜜，并且不停地变换位置。

后来我才知道它叫透翅天蛾。想起小时候一到傍晚，它们就经常光顾我家门前的紫茉莉，那时我没有相机，一直以为是蜂鸟，还用网兜捕捉过它，可惜网眼太大，捉住了，又被它跑掉了。

长喙透翅天蛾，属于鳞翅目天蛾科，大型蛾类，粗壮的身体呈现流线的纺锤形，身体为黄绿色，腹部有深褐色条纹，触角略粗呈丝状、锯齿状或棒状，末端形成一个小钩状，翅膀透明，尾部有毛。成虫大多具有夜行性，但也有少数种类会在白天寻花访蜜。由于天蛾吸蜜时会快速震动翅膀，让身体停滞在空中，再用细长的口器伸入花蕊中吮吸，这种姿态和蜂鸟吸花蜜的样子非常相似，加上尾部有毛就像鸟类的尾巴一样，所以才会常常被人误认为蜂鸟。

小胡蜂作品

小胡蜂，本名邓洁，女，现居北京。

（选自“搜狐昆虫论坛”）

锹甲

这张照片摄于2003年8月。在北京怀柔喇叭沟门黄甸子的一棵树上，我发现了这个家伙。在我发现它的同时，我准备拍摄的动作被它察觉。

天下最有恃无恐的虫子恐怕就算是这类长着像大钳子一样上颚的家伙了，如果换作别的虫子，被我这样一触动，早就逃开了。可是它选择了仰起那对武器，毫不客气地向我示威。

好！一张潇洒漂亮的照片就这样产生了。

拍摄参数：

机身 Olympus C5050Z

光圈 F2.0

快门 1/100s

焦距 11.9mm

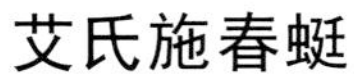

艾氏施春蜓

这张照片摄于 2003 年 4 月。地点是北京昌平虎屿自然风景区。

为了拍到它还真费了一番功夫。因为它生活在水里，我根本不可能把它拿出水面来拍摄。于是我和集虫儿两人来配合，一个人拿相机拍摄，另一个人牢牢地盯住它，使它不会在水里溜出我们的视线，同时还要挡住阳光以减少水面的反光。

看到它，你能想象出在水面上轻盈飞舞的蜻蜓，曾有过这样丑陋的童年么？

拍摄参数：
机身 Olympus C5050Z
光圈 F2.0
快门 1/40s
焦距 11.9mm

顽石作品

顽石，本名汪应武，男，现居福建福州。

（选自“绿镜头”）

偷窥

要说这张《偷窥》是佳能A40拍的，很多朋友都会不相信的。但确实是我用A40加自制近摄镜拍的！

这只蝗虫是我在一次野外拍摄时偶然拍到的。A40除了AUTO挡就只有P挡和M挡，于是我用M挡来手动调整快门，只是当时太仓促了，只拍到这张！不过当我按下快门后，这个小家伙就躲到草叶后再也不出来了。所以要拍到一张好照片不但要有运气，时机的把握也是很关键的！瞧这小家伙，它小心翼翼地趴在草丛中，露出个脑袋，那两只惊慌的大眼睛正瞧着您呢！

拍摄参数:
相机 CanonA40 加自制近摄影
模式 M 档
光圈 F4.8
快门 1/100s
感光度 ISO50
白平衡 手动

李元胜作品

李元胜，男，新闻工作者、诗人，现居重庆。

（选自“唯美摄影”）

瓢虫

夏天，瓢虫四处飞舞，是练习昆虫拍摄的很好题材。真的要把瓢虫拍好，还真不容易，这是因为拍摄时，它高高的隆起的背和触角往往不在一个焦平面上。

这是我刚开始学习拍摄昆虫不久的一张习作。这只瓢虫一直躲在叶子背面，一动不动。虽然有非常好的自然光，但对叶子背后的它无济于事。为了得到更好的拍摄角度，我故意惊动了它。它开始焦躁不安地四处乱爬。我便对它进行不断跟踪拍摄。当它爬到叶子边缘时，我感到时机到了，为了得到更大的虚化效果，我把光圈调到了2.9，对准它进行了连拍。

拍摄参数：
机身 Nikon coolpix990
光圈 F2.9
快门 1/800s
感光度 ISO100

看看它，就像站在自己世界的边缘，向下边的深渊眺望。虽然我后来甚至拍到过瓢虫振翅而飞的高难度照片，但

我自己特别偏爱这张早期习作的单纯和安静。

柑桔凤蝶

蝶恋花是拍摄昆虫的人酷爱的题材，我当然也未能免俗，拍过很多蝶与花的照片。

拍这张照片的时候，我的预谋是尝试体现一只蝶的动静对比。经常有这

种情况，蝶的翅膀扇动着，其他部位却紧紧贴在花朵上一动不动。我过去尝试过好多次，拍下来，才发现蝶和翅膀都很清晰，可能是快门速度太快的缘故。这么运气好，因为光线并不太好，我的快门速度只能设到210，拍下来，刚好实现我的初衷。

拍摄参数：
机身 Fujifilm Finepix S602
光圈 F2.8
快门 1/210s
感光度 ISO160

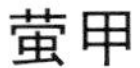

萤甲

我在重庆一个休闲度假胜地海兰云天，发现了这只萤甲。天是阴天，而它又在橘子树的浓荫里的草丛中爬来爬去。拍摄它，我不得不借助闪光。正如我通常所干的那样——伸出食指在数码相机闪光灯旁的感应孔旁，用手指来控制微距闪光的强度。我一连拍了十多张，其中好几张是成功的。这便是其中的一张。

为了配合相机自带闪光，我还使用了较小的光圈和转高的快门速度。

拍摄参数：
机身 Fujifilm Finepix S602
光圈 F11
快门 1/400s
感光度 ISO160

可爱的眼睛

这张蚁蛛的特写是我自己颇为偏爱的照片。

我曾经好几次发现蚁蛛，也拍了不少照片，可惜，或因为光线不好，或因为受惊的蚁蛛爬动速度很快，我从未拍到过它们那亮晶晶的眼睛。

能拍到这只蚁蛛，则是我的运气，当时，我在追拍一只寄生蜂，突然，目标消失了。我习惯性地在草叶间搜索着，很意外地，发现了这只蚁蛛。此时，阳光慷慨地投射在它栖身的草叶上，让它的眼睛十分醒目。我甚至来不及调整相机的参数，小心地慢慢把相机凑近它，要知道，Nikon coolpix990 的对焦速度实在是慢极了。终于，对焦完成，小家伙的眼睛清晰地出现在数码相机的 LCD 上，我毫不犹豫地按下了快门。

拍摄参数：
机身 Nikon coolpix990
光圈 F4.4
快门 1/220s
感光度 ISO100

天牛

在经历了无数次失败后，我学会了尽量避免在杂乱的枝叶中拍摄昆虫。如果昆虫在一片阔叶上活动，我也会尽量等待更有利的时机——让昆虫出现在叶子边缘。这个时候，拍出来的昆虫生态照片，会有意思得多。

这张天牛的照片就是上述想法的实践，我冒着让它飞走的危险，一边用 Nikon coolpix990 不停地对着它反复聚焦，却并不按下快门。这个小天牛，长约 2cm，相机聚焦的丝丝声，显然对它形成了干扰。它开始不安地在叶子上爬来爬去（还好，它只是爬来爬去，而不是直接飞走）。终于，它爬到叶子边缘，长长的触角轻轻舞来舞去。好极了，我满意地按下了快门。

拍摄参数：
机身 Nikon coolpix990
光圈 F3.2
快门 1/200s
感光度 ISO100

象鼻虫

在一片人工修剪得很好的灌木里，发现了一些象鼻虫，太可爱了，一个个都是很憨厚的样子。它们连飞行都是笨笨的，在空中的线路东倒西歪的，像喝了酒似的在空中乱飞——一点交通规则都不讲。

我把镜头对准了这一只，它被我惊动后，小心地从叶子深处慢慢爬上叶尖，像是准备飞走。但不一会儿，它又改变了主意。吊在那里，晒起太阳来。我的镜头不小心碰到了叶片，它吓了一跳，现出一副受惊的样子。我赶紧把它这个样子拍了下来。

拍摄参数：
机身 Fujifilm Finepix S602
光圈 F2.8
快门 1/320s
感光度 ISO160

螽斯若虫

这是一只具有外星昆虫气质的螽斯若虫：它的小而圆的身体与夸张的长触角、长腿对比十分强烈，而圆瞪的眼睛和触角末端的那点橙红，使它看起来更像出自精心的前卫风格的设计，而不是缘于自然进化的结果。看见它时，我一阵惊叹，就仔细观察起来，几乎忘了首先应该把相机对准它。幸好，它虽然发现了我（请注意它的触角，其中一根正朝着我镜头的方向探测过来），却并没打算立即逃走。我很舒服地把它拍了下来。

拍摄参数：
机身 Nikon coolpix5000
光圈 F2.8
快门 1/100s
感光度 ISO100

石蝇

2003年7月的一天下午，我在四川甘孜塔公草原，顶着烈日，苦苦搜寻着昆虫。本以为会有精彩发现，结果却几无所获，我多少有点沮丧。这张照片或许可作为我沮丧中的安慰吧。这是一种体形较大的石蝇，在水洼边的草丛里钻来钻去，速度很快。我的镜头追了一阵，居然追丢了目标。正在发呆时，突然发现原来它从地面爬到草叶上面去了，而且还冲着我连连做些淘气的动作。我飞快地对准它按下快门。差不多同时，它“嗞”的一下飞走了。

拍摄参数：
机身 Fujifilm Finepix S602
光圈 F2.8
快门 1/1000s
感光度 ISO160

暮眼蝶

让你们鲜艳去吧，我只穿我的旧衣裳。

暮眼蝶有着自己的不屑于时尚的主张，它喜欢栖身于竹林下、灌木丛中，不像其他蝴蝶那样热爱香喷喷的鲜花。它像有些厌世的落魄贵妇人，自己放弃了春天里的种种盛宴。

我在重庆的黑山谷拍到这只暮眼蝶，它的看似旧暗的翅，在闪光灯的逼迫下，露出了考究的质地，就像一片等待被擦亮的金箔。

拍摄参数：
机身 Fujifilm Finepix S602
光圈 F2.8
快门 1/100s
感光度 ISO160

偷窥的沫蝉

拍摄参数：
机身 Fujifilm Finepix S602
光圈 F2.8
快门 1/80s
感光度 ISO160

在重庆，我发现了至少 5 种以上的沫蝉，并对这种幼虫靠吐泡泡来隐藏自己的家伙产生了浓厚的兴趣。它们的成虫，体型娇小，

颜色鲜艳，十分可爱。我拍摄时，很喜欢强调它们背上的花斑。

不过，也有例外，这一只沫蝉，可能是被刚停的雨打湿了的原因，一直乖巧地躲避着我的镜头，却并不飞走。我和它中间始终隔着一片树叶，这奇特的对峙让我感到又好气又好笑。我忽然心生一计，便单手持机，另一手故意朝它藏身处伸去，它果然慌张地从叶子背后探出头来。我埋伏着的镜头正好拍下它那好玩的样子。

盾蝽 I

这只盾蝽的若虫有点来历，是我在北京香山拍到的。

过去我拍蝽，很注意拍它的触角和背板，这次我打算玩个花样，拍拍它的腹部。果然，这个角度也满有意思的。它看着憨憨的，像只呆头呆脑的乌龟呢。打定主意了，要拍下它倒并不容易。我使用的 Nikon coolpix990 对焦慢，目标在空中对焦更困难。我使用了绝招，伸手在蝽后面把远景一挡，相机很容易就合上焦了。我用连拍挡，迅速拍了一组。

拍摄参数：
机身 Nikon coolpix990
光圈 F3.7
快门 1/160s
感光度 ISO100

盾蝽 II

这只盾蝽漂亮到了惊艳的程度，而且，更夸张的是，它一直在仙人掌鲜嫩的红花中漫步，我都不敢拍了，像这么鲜艳的照片，好像更适合女摄影师拿出来张扬。

还好，它一会儿又飞到了仙人掌的刺丛中，用一只足抓住刺，傲慢地看着我。我的602早已准备好了，对着它就是一阵连拍。这是其中的一张。为了获得稍大一些的景深，我把光圈设定得尽量小一些，拍摄时基本达到了我需要的效果。

拍摄参数：
机身 Fujifilm FinePix S602
光圈 F4
快门 1/100s
感光度 ISO160

猎蝽

拍摄昆虫时，我一直对如何拍出昆虫的表情深感兴趣。也许很多人会说，这种说法是错误的，因为昆虫没有脸部，也没有用来表情的肌肉。但是，对我来说，它们的表情是用眼、触角、六足，甚至整个身体的动作来完成的。当然，也可能是它们这些组合出来的造型，与我们人类的表情符号恰好有某种巧合，让我们产生了能读出它们表情的感觉。

看看这只仅有1cm左右大小的猎蝽，我觉得它的表情是非常生动的，为了拍到这个表情，我足足拍了差不多40分钟。

拍摄参数：
机身 Fujifilm FinePix S602
光圈 F2.8
快门 1/480s
感光度 ISO160

图书在版编目（CIP）数据

中国昆虫记Ⅱ／李元胜 唐志远主编.－上海：上海社会科学院出版社，2004

ISBN 7－80681－408－6

I.中… II.①李… ②唐… III．昆虫－中国－图集

IV.Q96.64

中国版本图书馆CIP数据核字（2004）第026349号

中国昆虫记II

——网上昆虫摄影最强贴Top100

李元胜 唐志远／主编

责任编辑：杨 国

出 版：上海社会科学院出版社

（上海市淮海中路622弄7号 电话63875741 邮编200020）

（http：// www.sassp.com E－mail:sass@online.cn）

发 行：新华书店 共和联动图书有限公司（010－64959556）

印 刷：北京国彩印刷有限公司

版 次：2004年5月第1版

印 次：2004年5月第1次印刷

开 本：787 × 1092毫米 1/16

印 张：10

字 数：100千字

书 号：ISBN 7－80681－408－6/Q · 001

定 价：39.80元

16 开本 45.00元

中国第一本昆虫全彩美文图鉴283幅

中国昆虫记 I

一个诗人镜头里的昆虫丽影

一个偶然的事件，诗人李元胜通过相机镜头，惊讶地发现了昆虫的幽美，从此他迷上了昆虫拍摄。数年中踏破青山，拍下照片上万张。本书以拍摄亲历记的方式，用诗人的敏感笔触，生动有趣地描述了他的昆虫观察和拍摄生活，同时，还精选了他令人惊叹的昆虫摄影精品。本书分为十题，有螳螂、蝴蝶、豆娘、蟒象、蜘蛛的分类观察拍摄笔记，有关于昆虫之爱的专题，也有作者在仙女山、米仓山、南山的拍摄札记。

16 开本 58.00元(上下册)

一部全方位了解欧洲文化的划时代经典

欧洲文化史(上下册)

EUROPE A CULTURAL HISTORY

作者从文学、艺术、科学及音乐等角度来审视欧洲文化，叙述了欧洲从原始狩猎时代到农业社会再到工业时代的历史发展，从西亚、北非到古希腊、古罗马到基督教、中世纪到文艺复兴、近代工业、经济、政治大革命再到两次世界大战，直至当代。主题着重"延续与演变"，突出历史的互动性，通过呈现多彩的欧洲文化史而说明历史在变化中的延续性。

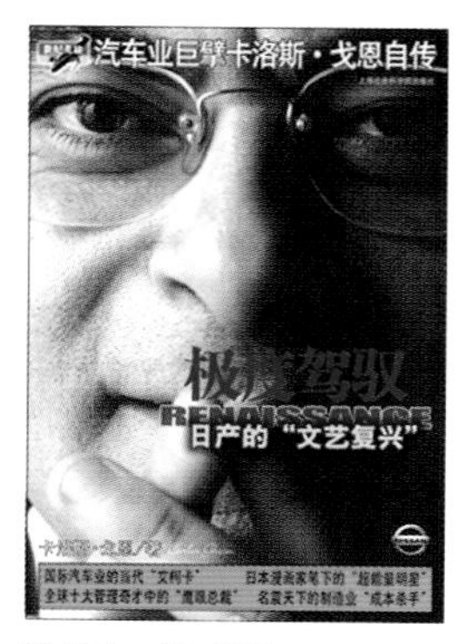

16 开本 25.00元

全球十大管理奇才中的"鹰眼总裁"
万众瞩目的商界"超能量明星"

极度驾驭

日产的"文艺复兴"

RENAISSANCE

这是一本畅销全球的精英人物自传，描叙了卡洛斯·戈恩在米其林轮胎公司、雷诺汽车公司和日产汽车公司的生活经历和奋斗历程。书中不仅总结了卡洛斯式的管理经验和经营理念，还从诸多层面展现了卡洛斯的人格鬼力和成功历程，堪称是一部卡洛斯的传奇故事，一部日产汽车的复兴史诗，一部指导当代个人奋斗成功路程的优秀教科书。这也是一本当代企业管理人员的必读书，一本激励21世纪新人类奋发向上的励志心经！